六　韜

林富士馬訳

中央公論新社

目次

六韜　読下し文

六　韜

六韜について

『六韜《りくとう》』は、文韜、武韜、竜韜、虎韜、豹韜、犬韜の六巻、六十章から成り立っている。〈韜〉とは、弓や剣を入れておく袋のことで、転じて、「おさめる」「つつむ」ことを意味する。あるいは、蔵と受け取ってもよいであろう。宝庫、秘蔵の意味である。

古来、儒家の四書五経のごとく、兵法家にとっては、武経七書（孫子、呉子、司馬法、尉繚子《うつりょうし》、六韜、三略、李衛公問対《りえいこうもんたい》）のなかの一冊として、ひろく知られている。世間で〈虎の巻〉ということをいうが、その〈虎の巻〉ということばは、この『六韜』の第四巻、「虎韜」が出典だと考えられる。

隋唐の時代、すでに兵経と称せられ、宋以後でも武経と称せられていたらしい。わが国にもいちはやく伝来され、大化の改新のさい、藤原鎌足は、この『六韜』を暗記するほど愛読したと伝えられる。

説話であるが、鞍馬を脱した翌安元元年（一一七五）、義経は十七歳の時、藤原秀衡《ひでひら》の館を出て、ひそかに京に上り、堀河なる鬼一法眼《きいちほうげん》の門に入りて兵法を学び、また、法眼の女皆鶴《みなづる》姫を語らい、父の秘蔵した『六韜』『三略』を看《み》ることを得、戦術の奥儀をきわめたなどと語り伝えられてきたほどである。

『六韜』六巻六十章は、紀元前十二世紀、殷《いん》の紂王《ちゅうおう》を破って周王朝を建国した武王と、その父文王とが、太公望呂尚《りょしょう》に質問し、それに太公望が応答した問答体で、全編が構成されている。

　したがって、『六韜』は、周の太公望が著わしたものだといわれてきたが、ほんとうは、太公望に仮託しての後人の作であるらしい。

　第三巻、「竜韜」の第二十一章、「立将」のなかにある〈正殿を避ける〉などということは、春秋、戦国時代以後に行われたことであり、〈将軍〉などの熟語も、『左伝』にはじめて見えることで、周初にはなかったことだというのである。また、『六韜』のなかには、騎馬戦のことが、大変くわしく書かれているが、春秋以前には、まだ騎馬戦のことはなかったなど、専門家のいろいろの研究や意見が多い。素人眼にも、現在の『六韜』が、周初に書かれたものでも、太公望によって書かれたものでもないらしいことは想像できる。

　おおざっぱに、秦漢のあいだに偽撰されたものらしいとおぼえておいても、この書物の存在の意味は変わらないと思う。が、「漢魏以後晋宋の際の偽作」と断じている学者もいる。

　第一巻、「文韜」の第一章、「文師」に、太公望が、文王の師となったいきさつが述べられている。おなじようなことが、司馬遷の『史記』のなかの「斉太公世家」に、いま少し詳しく述べられている。

『史記』には「太公望呂尚は、東海の上《ほとり》の人なり」と書き出され、呂尚は年老いるまで貧乏暮しをしていた、とある。

彼の先祖は禹《う》の治水事業をたすけて功労があり、虞《ぐ》、夏《か》の時代、呂《りょ》（河南、南陽の西）に封ぜられた。姓は姜《きょう》であった。呂尚はその子孫である。本姓は姜氏であるが、その封ぜられた地名にちなんで呂尚といったのである。

当時、周の西伯（のちの文王）が狩りに出かけようとして占ったところ、「獲物は竜に非《あら》ず、彲（みずち。角のない竜）に非ず、虎に非ず、羆《ひ》（ひぐま）に非ず。獲るところは覇王の補佐となるべき人物だ」とでた。猟をしに行ったところ、はたせるかな渭水《いすい》の北岸で釣をしている呂尚に会った。話しあってみて、その高い識見にすっかり感心し、

「わたしは父の太公から『聖人が周に来るであろう。周はその人のおかげで盛大になるだろう』と聞いたことがありますが、あなたこそ、その人だ。わたしの父（太公）は、昔からあなたのことを待ち望んでいたのです」

といって、自分の車に乗せて帰り、師と仰ぐことになった。以来、呂尚は太公が望んでいた人という意味で〈太公望〉と呼ばれるようになったという。

司馬遷が記録した、以上のような太公望説話のほかに、一介の漁夫から八十歳になって

一躍大政治家になったこの人については、その他、多くのことが書き残されている。幸田露伴にも、昭和十年頃「太公望」という奇異な史伝がある。

『六韜』はまた、殷《いん》湯王の三十一世の子孫である紂王の失政、虐殺に対して、周の初代文王、二代武王の新王朝建設の戦略闘争史として読むことができるかもしれない。

おなじく『史記』の「伯夷《はくい》列伝」に、西伯（文王）の子の武王が、殷の紂王の悪政、暴虐をこらすため、西伯の位牌《いはい》を車にのせて文王と称し、まさに征討の軍をおこそうとしたとき、伯夷、叔斉《しゅくせい》の兄弟がひかえて、武王の馬をとめ、「父君が亡くなられて、まだ葬儀もすまないうちに、いくさをするのは、孝といえましょうか。また、臣下の身分で君主を殺すのは、仁といえましょうか」と諫言した。武王の側近の者が、二人を殺そうとした。その時、太公望は「これは義人である」といって、二人を助けて去らせたことを伝えている。

周の世になって、兄弟は周の粟を食べるのをいさぎよしとせず、首陽山にかくれて、ワラビを食べてついに餓死したことは、多くの人々の知るとおりである。

江戸時代の川柳に「痩《や》せこけた死骸があるとわらび取り」というのがあった。また、「釣れますかなどと文王そばに寄り」という川柳などを思い出す。

伯夷、叔斉は〈仁〉ということばを使っているが、『六韜』を読むと、儒家風な〈仁〉の考えや態度だけではなく、〈兵権奇計の元祖〉といわるべき権謀術策のところに興味がある。

かつて、西伯（後の文王）が殷の紂王によって羑里《ゆうり》（河南、湯陰）に拘禁されていたとき、太公望は周の重臣散宜生《さんぎせい》、閎夭《こうよう》らとともに、西伯のために美女や珍奇な品を求め、これを紂王に献上して西伯の罪をつぐない、釈放に成功したが、その後、太公望は文王、武王の師範になって、暴虐な紂王の政権を奪取するために策略をめぐらし、新しい天下を企画したというような説話も興味がある。

第一巻　文韜

第一　文師（文王の師）

1

文王が狩りに出かけようとした。そのおり、卜占（うらない）を担当していた史官の編《へん》は亀卜《きぼく》を行って、

「渭水《いすい》の北岸で狩りをなさいますなら大きな獲物がありましょう。その獲物と申しますのは、竜というのでも彲《みずち》というのでも虎というのでもなく、また、羆《ひ》（ひぐま）でもありません。卜占に表れたところによりますと公侯を得ることになっています。天はあなたに師を与え、その師はあなたを補佐して、三代の後までの功臣となるでありましょう」

と申し上げた。

文王はいった。

「そんな卦《け》が現れているのか」

史官の編は答えた。

「昔、私の祖先の史官疇《ちゅう》が舜帝のために占って、皐陶《こうよう》という賢臣を得たことがございますが、その時と同じ卦であります」

2

文王は身を潔めること三日の後、田車（狩猟用の馬車）を走らせて渭水の北で狩猟を行った。そして茅《かや》を敷いて魚釣りをしている太公望を見つけた。

文王は車を降りて丁重に挨拶した。

「あなたは魚釣りがお好きですか」

太公望の応答は、

「君子はその志を得るを楽しみ、小人は物を得るを楽しむ、ということを聞いたことがありますが、私がいま魚釣りを楽しんでいるのは君子のそれに似ているのです」

というのであった。

文王は尋ねた。

「いったいどこが似ているのでしょうか」

太公望は答えた。

「釣りにはその目的に達するために臨機応変の処置が三つあります。世のならわしも同様で、餌で魚を取るのは、禄（サラリー）で人を釣るのに似ています。登用された忠臣が生命を賭して働くのは、餌で釣られた魚が死ぬのと似ています。大魚には大きな餌を、小魚には小さい餌を用意しますが、これは官位の高低を用意して才能の大小の者に対応するのと似ています。そもそも魚を釣るのに餌をつけるのは、魚を手に入れるためであり、人を釣るのもおなじ理屈であります。その真情は深遠で、釣りから国家の大事を見通すことができるわけです」

3

文王はいった。

「あなたの仰有《おっしゃ》るその深遠なる情というものを説明して貰いたい」

太公望は答えた。

「水源が深いところから水が尽きることなく流れ、その流れのなかにはじめて魚が生育することを情といいます。根が深く張ってこそ樹木が成長繁茂し、そこに木の実がみのります。それが自然の情というものです。君子と臣下とが睦み合い、親しみ合ってはじめてそこに事業が成立するのが、社会の情というものです。言語応対は、情の飾りです。虚飾のない至情を申し上げるのが最高の親切というものと考えます。いま、私は、思う存分に申し上げたいことがありますが、気を悪くしないでお聞きになりますか」

「仁者は正しい諫《いさ》めの言葉を受け入れ、至情を吐露した言葉を歓迎するというではないか。どうして私があなたの誠意ある言葉を悪《にく》むものか」

と、文王はいった。

4

そこで太公望は説いた。

「細い釣糸で、餌がはっきり見えていれば小魚がそれに食いつき、釣糸が中くらいの太さで、餌が香《かん》ばしいと中魚がそれに釣られ、釣り糸が太く餌もたっぷりあれば大魚がそれに食いつきます。いったい魚はその餌を食うので釣り糸で引きあげることができるのですが、人間もおんなじことで、その禄によって君に服するものです。餌で魚を釣るように、禄をもってすればどんな人間も竭《つく》させることができるものです。士大夫《したいふ》の地位を餌に賢士を集めるならば諸侯の国が釣れるでしょうし、諸侯の地位を餌にして人材を集めたならば天下を手にすることができるでありましょう。

蔓《つる》を張り根を張っているように見えて栄えていても、烏合の衆は必ず衰え散じます。

黙々として暗いようでも、君主が徳を内包していれば、その徳の光は必ず遠くまで達します。聖人の徳は微妙なもので、凡人には見えなくとも自然とその力は現れ、いつのまにか万人の心を惹きつけて服従させます。聖人の思慮はまた楽しいもので、すべてのものをあたかも己が宿舎に帰するようにその聖徳に服させ、人の心を自分の方へ集中させ、敬慕させる結果になるものです」

5

文王はさらに尋ねた。

「人の心をひきつける徳をどうやって確立すれば、天下が帰服するだろうか」

太公望は答えて、

「天下は君主一人の天下ではありません。天下万民のための天下であります。天下の利益を万民と共有する心がけがあれば天下を得、天下の利益を独占すれば天下を失うことになるのは当然です。

天には春夏秋冬の四季があり、循環して地上の資源、財産を生かします。この天の時と地上の生産物のめぐみを、天地の理法に順応して万民と分かちあう者こそ仁といいます。仁のあるところに、天下の人々は帰服します。

死地に陥っている人を救い、人の難儀を解き放ち、人の心配ごとを助け、人の危急を救済するのを徳といいます。その徳のあるところに天下の人々は帰服します。衆人と共に憂え、衆人と共に楽しみ、好み、また憎んで自我を主張しないのを義といいますが、その義のあるところに天下万民は赴きます。そもそも人間は死をいやがり、生きることを楽しみ、徳を好み、利得につくものです。生と利とを生み出すのが人間のごく自然な道なのですから、その道のあるところに天下の人々が帰服するのは当然なわけです」

と説明した。

文王は太公望の話を聞き終ると、再拝していった。

「まことなるかな。どうして天の詔命をお受けしないということがありましょうか。あなたを師としてむかえたい」

文王は太公望を自分の田車に載せると、ともどもに都に帰り、師として仰いだのである。

第二　盈虚《えいきょ》（国家の治乱）

1

文王は太公望に質問した。

「天下は広大であるが、あるときは盛んになり、ときに衰え、あるときは治まり、ときに乱れる、その原因はいったいなんだろう。君主の賢明と不肖によるのか、それとも天運変化の自然の理法によるのだろうか」

太公望は答えた。

「君主が不肖であれば国家は危うくして民は乱れ、君主が賢聖であれば国家も安泰で民も治まります。禍福は君主の賢不肖によるもので、けっして天運によるものではありません」

2

文王がいう。

「昔の賢君についてお聞かせ願いたい」

太公望が答えた。

「昔、尭帝が天下の主となられましたが、上古の賢君というべきでありましょう」

3

文王はいう。

「その政治のなされかたはどんなであったのだろうか」

太公望は答えた。

「尭帝が王となられていたときには、身に金銀や珠玉を飾らず、錦繡や文綺のある絹の衣服をつけなかったし、奇怪珍異なものをいっさい見ようとしなかった。骨董なんぞを宝としない。淫《みだ》らな、風儀を乱す音楽などを聴かなかった。宮殿の垣や屋室に白壁を塗るようなことをしなかった。棟木や柱なども荒けずりのままで、茅《かや》や茨《いばら》などの雑草が庭に生い茂っても、そのままにして刈り取ることをしなかった。そういう質朴節倹の生活をなさいました」

4

太公望はつづけていった。

「鹿の皮で寒さを防ぎ、粗布の衣服を身につけ、玄米や粱《あわ》の飯、アカザと豆の葉の汁などの粗食で満足し、普請のため民を使役するときには、人民の耕作や機織りの時期をはずすようにされました。また自分の内心の欲望を削り制約して、自然無為の政治をなさったのです。

忠実正直でよく法令を守る官吏は昇進させ、清廉潔白で民衆を愛する者には俸給を増やしてやり、官吏でなく一般庶民でも孝子慈父があれば敬愛し、農業や養蚕に勤勉な者にはよく慰労、奨励し、人間の善と悪とをはっきり区別し、善人の家には善の旗をその家や村の門に立てて表彰しました。

自分の心はつねに平静に保って礼節を正しくし、その上に法律制度を設けてよこしまな行いや詐欺を禁止し、いかに憎んでいる者でも功労があれば必ず賞し、たとえ平素いかに愛している者でも、罪があれば必ず罰しました。老いて妻のない者、老いて子のない者、幼くして両親のない者は、保護、養育し、また、禍を受け、亡滅せんとする家には財物を施して援助しました。自分自身の衣食住ははなはだ質素で、税金を取り立てたり、労役を課することがはなはだ少なかったので、万民は富み栄え、生業を楽しみ、飢えや寒さの不安なく、君主を日月のように仰ぎ見、父母のように親しんだものです。それが尭帝の世の中でした」

文王は聞き終ると、

「偉大なることよ。賢徳の君は」

と感嘆した。

第三　国務（政治の基本）

1

文王が太公望に諮問して、

「国を治めるにあたって最大の務めをお聞かせ願いたい。君主の尊厳を保ち、民衆を安泰にしたいのだが、それにはどうしたらよいだろう」

太公望は答えた。

「ただ民を愛するということにつきるでしょう」

文王はいった。

「民を愛するということをいま少し説明してほしい」

太公望は答えた。

「民の生活を安定させて、害さぬこと、民のしとげたいことを成就させて妨害しないこと、民を生かして殺さないこと、与えて奪うことなく、楽しませて苦しめないこと、喜ばせて怒らせないことであります」

2

文王がいう。

「そこのところをもっと詳しく説明してほしい」

太公望が答える。

「民を失業させないのは生活に安定を与えることになります。農民が労役などによって耕作の時期を失わないことが、すなわち農業をしとげることになります。罪もないのに罰しないことが、すなわち生かすということです。租税を軽くすることが与えることになります。宮殿、離宮を質素にして大きくしないことが民を楽しませることになり、官吏が清廉潔白で苛酷でないのが民を喜ばせるというのであります。

逆にいいますと、民が失業することは君主が民に被害を与えたことになり、農民が耕作の時期を失うことを農業の破綻《はたん》というのです。罪もないのに罰するのは殺すということです。租税の重いのは奪うことになります。宮殿、離宮を造営して民の力を疲れさせるのは民を苦しめることになります。官吏が腐敗して苛酷であれば民を怒らすことになります。

よく国を治める君主は、父母がその子供を愛するように、また、兄が弟を愛するように人民を統御します。飢えと寒さで困っているのを見れば、彼らの身になって憂え、苦労しているのを見れば、彼らの身になって悲しみます。民が賞されるのを自分が賞されたかのように喜び、民が罰せられるのを自分が罰せられるかのように苦痛に思い、租税を取り立てるにしても、自分のふところから取り立てられるような気持になります。これを民を愛する政治の道というのです」

第四　大礼（君臣の礼）

1

文王は太公望に尋ねる。

「君臣上下の間の礼儀はどうあるべきだろう」

太公望は答えた。

「君主としてはただ万民に君臨し、臣下はひたすら従順、沈抑あるのみです。君主は臣下に君臨するわけですが、その威光のためにかえって臣下を遠ざけないようにすることが大切ですし、臣下が君主にひたすら従順、沈抑であっても、そのためにいうべきことをいわないで隠すようであってはなりません。率直に上申すべきです。君主はそのめぐみをあまねく人民に施し、臣下はそれぞれの職分を守って落着いている必要があります。天があまねく万物を生育させ、わけへだてがないように、臣下がそれぞれ自分の分を守って安定するというのは、大地が万物を載せて変動しないという天と地の道に従っているのです。天と地の差別があるように、君臣の秩序があって、両者の間に大礼が完成します」

文王はいった。

「君主としてその地位にあるときの態度や心がけについておうかがいしたい」

太公望は答えた。

「心を安静にして柔和ではあるが、おのずから節度を保ち、他人に一歩を譲って争わず、先入観を持たず、偏見を去り、よく恩恵を施し利を与え、虚心でわだかまりがなく、公平無私の心がけを持つことです」

2

「君主が臣下のことばを聴くときの心構えをお教え願いたい」

と文王がいう。

太公望は答える。

「みだりに臣下のことばを信用してはいけないが、また逆に、臣下のことばを拒んではならない。軽々しく臣下のことばに従うと君主自身の自主性がなくなり、いたずらに拒絶しては臣下の献言する道をふさぐことになります。(君主が臣下の言を聴くとき、その言をどのように判断し、裁決するかは、ちょうど）高山は仰ぎ眺めても、その頂上を征服することができず、また、深淵《しんえん》の深いことはわかっていても、その深さを測り知ることができないようなものです。君主の徳とは、なにものにも迷わされない平静なものをいい、公正無私のときに発揮されるものをいいます」

文王が尋ねる。

「君主の明知とは」

太公望が答える。

「目はよく見えることだけが肝腎で、耳はよく聞きとることが肝腎で、心は知恵のはたらきが大切です。したがって、天下の目をもって（己の目として）見れば、万物はみえないものはなく、天下の耳をもって己の耳として聴けば、どんなことだって聞きとることができ、天下の心を己の心として考慮するならば、万象を知りうることになります。君主一人の見・聞・心をもって視・聴・知の能力をはたらかせても、あるいは残すことがあるかもしれませんが、天下の人々が君主の許に参集し、天下の人々の見・聞・知を集めれば、天下の万象が明らかになって、君主の明はなにものにも蔽《おお》われることなく、見通すことができるわけであります」

第五　明伝（至道を伝う）

文王は病床に臥したとき、太公望を召した。太子の発《はつ》（後の武王）もそばにいた。文王はいった。

「ああ、天はもう私を見すてようとしている（私は死ぬであろう）。周の国は、汝（武王）に帰属するであろう。今、このときにあたって、私はこの至極《しきょく》の大道を体得している太師（太公望）のことばを規範として、はっきりと子孫に伝えておきたいと思う」

太公望がいう。

「大王はどのようなことをご質問なさるのでしょう」

「古の聖人の道は、廃《すた》れて行われない時があり、また、盛んに行われるときもあったが、いったい、それはどういう理由によるのであろうか」

太公望が答えた。

「善事を見ながら行わないどころか、かえって怠惰の心をおこし、実行すべき時期がきているのにもかかわらず狐疑し迷っているうちに時期を失い、いけないことだとわかっておりながらついずるずるとそのままにしておく。この三つの理由で道は廃れて行われなくなるのです。事に遭っては柔順沈静、態度容貌は恭《うやうや》しくして心は慎しみ深く、あるべきときには強毅、しかも強毅一点ばりではなく柔和であるべきときには柔和であり、忍耐強く、しかし忍耐するばかりではなく、勇気を出すべきときには剛力を発揮する。この四つが聖人の道を盛んにするための根本であります。義が私欲に勝つとき国家が栄え、私欲が義に勝つとき国は亡びます。敬慎の心が怠惰の心に勝つときが国家の吉兆であり、怠惰の心が敬慎の心に勝つときに国は滅びます」

第六　六守（仁義忠信勇謀の守り）

1

文王が太公望に尋ねた。

「国家の君主となり、万民の主となった者が、その地位を失うのはどうしてか」

太公望は答えた。

「その命運を共にすべき官吏の登用にへまをするのが原因です。人君には六守（六つの守り）をもつ臣下と三宝（三つの宝）というのがあります」

「その六守とは何だろうか」

と文王は聞く。

「第一に仁、第二に義、第三に忠、第四に信、第五に勇、第六に謀。これを六守といいます」

と太公望は答えた。

2

文王は尋ねた。

「臣下にその六守があるか否か、慎重に選択するにはどのようにしたらよいであろうか」

太公望は答える。

「こころみに彼らを裕福にして、その富にまかせて礼を失するかどうかをみます。彼らを高位高官に任じて驕慢になるかならないかをみます。彼らに重い責任を持たせて、そのまっとうするところをみます。彼らを使ってみて、隠し立てをしないかどうかをみます。彼らを危険なことに当らせて、恐れるところのない態度をみます。彼らを種々の事変に当らせて、ゆきづまることがあるかどうかを観察します。裕福になって礼を失しないのは仁であり、高位高官になって驕らないのは義であり、重責を負うて意志を曲げないのは忠であり、用いてみて隠しごとをしないのは信であり、危険な立場でも恐れることのないのが勇ある人であります。種々の事変に応じて窮することがないのは臨機応変の謀才をそなえた人であります。（この六つを守ることが国家の安泰のために大切なことであります）

また、人君は三つの宝を人に貸してはなりません。これを貸すと君主としての威力を失うことになりましょう」

3

文王がいう。

「その三宝とは何であろうか」

太公望が答えた。

「農・工・商を三つの宝というのです。農民がその郷里にもっぱら住みついていれば、穀物に不足はなく、工人がその郷里にもっぱら住みついていれば、器物は足り、商人がその郷里にもっぱら住みついていれば、財貨が足りて、その国に不足物はありません。この三つの宝、すなわち農・工・商の人々がそれぞれ郷里に安住し、その家業に励めるようであれば、他国に行こうと思うこともなく、反乱を起こし、そのいる所を乱すようなこともなく、その一族は安定します。

臣下は君主より富裕であってはなりません。臣下の地方都市が君主の国都より大きくなってはいけません。

六守、すなわち仁・義・忠・信・勇・謀が適応されて賢士適材を得れば、君主は繁栄し、三宝、すなわち農・工・商が完全に備わっていれば、国家は安泰であります」

第七　守土（国土の防衛）

1

文王が太公望に尋ねる。

「領土を守るにはどうしたらよいだろう」

太公望が答える。

「親族と疎遠になってはいけません。民衆をあなどってはいけません。左右に近侍する者を慰撫《いぶ》し、四方の隣国をつねに手なずけ、しかも、政権を人にまかせてはなりません。政権を人に委任すると、君主の権威は自然と衰えます。深い谷をさらに掘り、高い丘をさらに盛りあげるように、民衆をいよいよ低く見、権威ある高官にさらに権力を加えるようなことがあってはなりません。根本たる農業を捨てて、末梢たる商工に力を注いではいけません。

物を干すならば日中の気温の高いときに干すべきであり、刀をとった以上かならず人を殺し、斧を振るときは必ず物を伐《き》るべきです。太陽が中央にかかったのに干し物をしないのは、時期を失ったことになり、刀を執って殺すべきときに殺さなければ時期を逸したことになります。斧を手にしながら伐ることができなければ、かえって敵の襲撃を受けることになりましょう。水も細い流れのうちに塞がなかったら、ついには大きな河となってしまいます。わずかに燃えている小さな火でも、これを消しとめられなかったら、ついに大火となって、防ぎようもなくなります。草も双葉のうちに摘み取らなかったら、ついに斧を使わなければならなくなります。

人君たるものは必ず努めて富を積まなければなりません。富んでいなければ仁恵（めぐみ）を施すこともできず、施さなければ親族を和合させることはできないでしょう。親族と疎遠になると害があり、民衆の信望を失ったら国は敗亡します。君主の利器である政治権力を人に任せてはいけません。人に政権を任せたら、任せた者のために害され、生涯をまっとうすることはできなくなり、滅亡するでしょう」

2

文王が尋ねた。

「仁義というのはどういうことだろうか」

太公望が答えた。

「民衆を敬してあなどらず、親族が和合すれば、人々は王の下に喜びしたがって天下の人心を得ることになります。これが仁義を実践するうえでの根本です。人に君主の権威を奪われてはなりません。心の明智によって、天の道理に従うべきです。道理に従う者は、徳によって任用し、逆らう者は力によって罪を断ずべきです。この仁義の根本を尊重して疑うことなく実践するなら、天下は平和に、人々は君主に帰服するでありましょう」

第八　守国（国家の保持）

1

文王は太公望に問うた。

「国を守るにあたって、君主はどうすべきであろうか」

太公望は答えた。

「まず斎戒《さいかい》して心身を清めて下さい。その後に、あなたに天地の永遠不変の道理、春夏秋冬と四季が万物を生成する姿、仁君聖王の道、民生の機微についてご説明致しましょう」

そこで文王は斎戒すること七日、太公望に対し北面（臣の位に即《つ》き）して師に対する敬意を表し、再拝して改めて問うたのである。

2

これに対し太公望は、次のように答えた。

「天は運行して春夏秋冬の四季を生じ、大地は四季の運行に従って万物を生育します。つまり天地は万物のあるじであります。天下には民衆がおり、聖人はこれを治めて養うわけです。つまり聖人は万民のあるじであります。聖人は天地四季の道理をはずして万民を牧養統御することはできないのであります。

春には万物が生じて栄え、夏には万物が成長して茂り、秋には万物が結実して満ち、冬には草木が凋落《ちょうらく》し、虫は地中にかくれ、万物は静かになります。秋に結実していっぱいに満ち溢れると冬には姿を隠し、冬に消えると春にはまた生じるように、これを繰り返し繰り返して、いつ終るということもなく、また、いつ始まるということもないのであります。聖人はこのように天地不変の道理と四季の循環の道理に則して、政治の根本をなすのであります。

ゆえに、天下が泰平で平和に治まっているときには、仁君聖人は世にあらわれず、天下が乱れているときにこそ、乱を治め泰平の世にもどそうと、明智を働かすわけであります。君主のとるべき至道とはこのようなものであります。聖人がこの天地の間に存在することは、その重要さはまことに大です。聖人が天地の常道によって天下を治めるときは万民は安泰となりますが、いったん民衆が動揺すれば乱の機縁をつくり、事態は一転して、利害得失を争うことになります。

そこで聖人は、この争いを収めるために兵を発し、その争いを治めた後には、人々を和合させるために徳仁を行います。聖人が上に在って仁義を唱え、天下の万民がこれに応じて唱和するのです。万物はすべて極端に達すると、かならず平常の状態にかえるものです。ですから進んで争ってはなりません。また、消極的な責任のがれもよくないのであります。

国を守ることが、以上のような道理にかなっていれば、聖君の明智の光は天地のそれとおなじくらいの偉大な働きをするものなのであります」

第九　上賢（賢者を尊ぶ）

1

文王が太公望に尋ねた。

「国王が統治するにあたって、だれを上とし、だれを下とし、だれを取り、だれを去らしめ、また、法令で禁止すべきはどんなことであろうか」

太公望が答える。

「君主たるものは賢者を上位とし不肖者を下位に置き、誠意信義の士を重用し、詐偽の徒を追放し、乱暴を禁じ、ぜいたくをやめさせるべきです。君主たるものには、常に注意を怠ってはならない六賊、七害があります」

2

文王は尋ねる。

「その六賊、七害についてお聞かせ願いたい」

太公望が答える。

「そもそも六賊とは、第一に、臣下で宏壮な邸宅庭園を造り、歌舞にうつつをぬかしている者がおれば、それは民衆の感情を害し、王の徳を傷つけるでしょう。

第二に、民衆の中に農蚕につとめず、血気にまかせて俠客を気どり、法律、禁令を犯し、官吏に反抗する者がいれば、それは当然、王の徳化を傷つけるでしょう。

第三に、臣下のうち徒党を組み、賢人智者を排斥し、君主の明智をふさぐような者があれば、王の権威を傷つけることになります。

第四に、部下のなかに気位や節操を高く掲げて気勢をあげ、外国の諸侯と交際して自分の国君を軽んじるような者がいると、王の威厳は傷《そこな》われます。

第五に、臣下で爵位を軽んじ、官職をさげすみ、主君のために危険な目に会うのを恥じるような者がいれば、功臣のせっかくの労苦を傷つけます。

第六に、一族の威勢の強いのをいいことに、貧弱なものをおどかし奪い、凌辱《りょうじょく》する者がいれば、庶民の生業は損われてしまいます。

3

七害というのは、第一に、智慮もなければ臨機応変の謀もない者に、過分の褒美と高位高官の地位を与えることから、蛮勇をたのんで戦争を軽んじ、無謀な戦いに万一の僥倖《ぎょうこう》を得ようとするのです。国王たるものは、このような者を将軍にしてはなりません。

第二に、評判は高いが実力がなく、その場その場で意見を変え、人の善事を話題にせず悪事をことさらに取りあげ、自分の進退を巧みにする者がいますが、国王たるものは、けっしてこのような輩と相談することがあってはなりません。

第三に、わが身を質素、純朴そうに見せかけ、粗末な衣服を着、無為無欲を語りはするが実は名誉や利益を求めている者がいるものです。それは偽人（喰わせ者）です。国王たるものは、こんな者を近づけてはなりません。

第四に、その冠や帯を奇抜にして衣服を飾り立てて目立ちたがり、むやみに学識をひけらかし、空論をたたかわせて外面を飾り、閑静なところに引きこもって『今の世は』などと、時流や時代の風俗を非難しているのは姦人の徒です。国王はこんな者を間違っても寵愛《ちょうあい》するようなことがあってはなりません。

第五に、告げ口の好きな人間は、主君の気に入るようにして官位を求め、鼻っぱしらが強くて死を軽んじて俸禄を貪《むさぼ》り、偉大な計画を慮《おもんばか》ることなく、ただ小利を貪って行動し、ちょっと聞くと高尚のようであるが実は空虚な議論を主君にさえしかけるような者がいます。国王たる者は、そんな男を使うようなことがあってはなりません。

第六に、さまざまな模様を彫りつけ、金銀をちりばめてみごとな細工をほどこし、華麗精巧な装飾に凝るような者は、肝腎の農業を軽んずることになるので、ただちに禁じなければなりません。

第七に、怪しげな方術、珍奇な技芸を行う者、邪道に人を惑わす巫女や不吉な予言などで良民を幻惑する者があれば、国王は必ず禁止すべきであります。

4

それぞれ生業に力をつくさないような民を、わが民と思ってはなりません。誠信でないのはわが士ではないのであります。忠節をつくし諫言をしないようなのは臣ではありません。公平潔白、人を愛さないような官吏はわが国の官吏ではないのです。宰相として、国を富ませ兵を強くし、天地の陰陽を調和させ（旱魃《かんばつ》や冷害がないようにし）天子を安心させ、群臣を正しくし、評判と実力とがふさわしく、賞罰をはっきりさせ、万民を安楽にさせる者でなければ、わが国の宰相とはいえません。

そもそも王者の道は、竜の首のように、高いところに在って遠くまで望見し、深く見抜き、どんな些細なことまでも聞き分け、その態度には威厳があり、その内心は天が高くて見きわめることができないようであり、また、淵が深く測ることができないように、あくまでおし隠して人にのぞかれないものでありたい。また、怒るべきときに怒らなかったらたちまち姦臣《かんしん》がはびこります。殺すべきなのに殺さなかったら、大逆賊が出ることになります。同様に、兵を出すべきときに軍事行動を起こさなかったら、敵国が強くなるのは当然なことわりであります」

文王はうなずいていった。

「善い教えをうかがった」

第十　挙賢（人材の登用）

1

文王は太公望に質問した。

「君主が賢人を挙用することに努力して、なかなかその効果をあげることができず、世の中はいよいよ乱れ、ついに国家が滅亡の危機に至るのはどうしてであろうか」

太公望は答えた。

「賢人を登用しても、その献策を用いなかったら、賢人を登用したというのは名目だけのことだから、せっかく賢人を登用したといっても実効がないのは当然です」

文王はさらに尋ねた。

「そういう結果に終るのは、どういうところに原因があるのだろうか」

太公望は答えた。

「その過失は、君主が世俗の人が誉める人物ばかりを好んで用い、真の賢人を用いていないからであります」

2

文王は問う。

「それではどうすればよいのか」

太公望が答えた。

「君主が世俗で誉める人物を賢人であるとし、世俗で非難する人物を不肖者（愚か者）と決めると、仲間の多い者は昇進し、仲間の少ない者は退けられることになります。このような状態になると、多数の悪人が徒党を組んで賢人をおおいかくし、忠臣は罪もないのに殺され、姦臣どもは虚名によって高位高官に列することになります。かくして世の中の乱れはいよいよひどくなり、国家滅亡の危難を免《まぬが》れなくなるのです」

文王は尋ねる。

「賢人を登用するのにどんな方法があるのか」

太公望が答える。

「将軍（武官）と宰相（文官）とがその職務を分担し、それぞれの官名に適する人材を推挙し、その官名に相当する責任を果し、その実績をあげているかどうかを調査、監督し、その才知と能力とをよく選考し、実績と官名とが一致するようにすれば、それこそ賢人を挙用する道を得たことになるのであります」

第十一　賞罰（功を賞し、罪を罰す）

文王が太公望に問う。

「賞は善を勧め、罰は悪を懲らすものであると承知している。私は一人を賞して百人を善に導き、一人を罰して大多数の悪を懲らしめたいと思っているのだが、どのようにしたらよいだろうか」

太公望が答えた。

「だいたい賞ということを行う場合は〈信〉ということが大切です。罰を行う場合には〈必〉ということを貴びます。罰すべき罪科がある者はかならず罰するという〈必〉が大切なのです。賞は〈信〉をもって行い、罰は〈必〉をもって行い、情に流されてはなりません。君主が耳目に見聞するところ、信賞必罰を誤らなければ、君主の直接に見聞の及ばないところの人々も、ひそかに悪を改め善に移るようになります。いったい〈誠〉というものは天地神明にまで通じるものであります。どうして人の心に通じないということがありましょうや」

第十二　兵道（用兵の要道）

1

武王（文王の子、殷《いん》の紂王《ちゅうおう》を討って周朝を興す）が太公望に問うた。

「兵の道についてお教えを受けたい」

太公望はいう。

「兵の道というのはただひとつ、つまり一意専心ということにつきるでしょう。ただひとつしかないとなれば他から惑わされることもなく進退が自由です。黄帝（中国古代の伝説的皇帝、蚩尤《しゆう》を討って天下を統一した）の言葉に『一は自在な道に通じ、変化不測な神に近し』とあります。兵道とは機会を選ぶことが大切であります。また、勢いに乗じるということが大切であります。その兵道を完成するのは君主であります。だから聖王は兵を凶器であると考えて、やむをえないときにだけ用いるのです。

ところで、いま、殷の紂王は、国家の無事を知って滅亡のあることを知りません。楽しみだけを知って殃《わざわい》のくるのを知りません。けれど国の無事は偶然に存続するのではありません。国王がつねに滅亡を憂慮しているから存続するのです。楽しむというのは、ただ漫然と楽しむことではなく、つねに民の憂いに先だって不時の殃を憂慮する、そのなかにこそはじめて在りうるのです。

武王よ、いま、あなたはこうした根源的な問題をお考えになっておいでですから、なにも末梢的なことをご心配なさる必要はありません」

2

武王が尋ねる。

「両軍が対峙し、敵は攻めてくることができず、こちらからも攻撃をしかけることができず、それぞれ守備を堅固にして容易に手出しをしない。わが方から襲撃をしたくても、なかなか有利な機会を得られない。そんな場合の方策はどうであろうか」

太公望は答える。

「外見は陣内が乱れているように見せて内実は整備し、敵には兵糧が不足して飢えているように見せて、その実は十分に貯え、精鋭な兵士は外見は鈍く見せるようにして下さい。

集合してみたり分散してみたりして統一も規律もないように見せかけ、その謀《はか》りごとを隠し、機密をもらさぬようにし、陣塁を高くして精鋭の士を要所要所に伏兵として配置し、ひっそりと音をたてなかったら、敵は当方にどれだけの備えがあるか判らないでありましょう。手が出せません。敵の西を襲撃しようと思ったら、反対に、まず東側に攻撃をしかけます。東側を襲って不意打ちをし、敵に東を備えさせ、手薄になった西を攻略します」

武王がいう。

「敵がわが軍の内情を察知し、わが攻撃の謀りごとにも通じてしまったらどうすればよいか」

太公望は答える。

「戦いに勝つ術は、敵が攻撃をしかけてくるその機を察知し、その機をはずさず先手を取って不意に攻撃をしかけることだけであります」

第二巻　武韜

第十三　発啓（民を愛する政治）

1

文王は周の都である酆《ほう》に在って、太公望を召していった。

「ああ、殷《いん》の紂王《ちゅうおう》は暴虐をきわめ、罪のない人にまで罪をきせて殺している。公尚先生（公尚は太公呂尚《りょしょう》の略称）、あなたは私を助けて天下の民のために憂えては下さらぬか。彼らを救うには、いったいどうしたらよいのだろう」

太公望はいった。

「大王よ、みずからよく徳を修め、賢人を礼遇し、人民を恵愛して、天道の向うところをごらんになるべきであります。天命が殷王を見放しもしないうちに、殷を伐つことを口にしてはなりません。人民の生活に災いが生じもしないうちに、兵を挙げることなど考えてはなりません。かならず天が災いを下すのを見、また、人民に災難がふりかかっているのを見きわめてから、はじめて討伐のことを考えるべきです。

敵を討つにはかならず相手の目に見えているところと、目に見えないところを察知すべきです。また、その内政とともに外交のことを見きわめることで、はじめてその意向を知ることができます。また、だれを疎遠にしているかを見、だれと親しくしているかを見きわめることで、その真情のあるところを知ることができます。

この正しい筋道を通れば、どんな遠い道でも行きつくことができます。正しい門を素直にくぐることで、かならず門に入れるものです。礼の道を打ち立てれば、礼の制度は完成します。強さを争うのにも、正しい道によって争うことで強敵に勝つことができます。完全な勝利とは、戦わずして勝つことであり、王者の偉大な軍隊とは、傷つくことなく勝利を手にすることであります。この妙智は鬼神に通じており、まことに微妙の上にも微妙なことがらであります。

2

国民と心を一にして、病む人がいれば自分が病んでいるように救い合い、同情を寄せて人の事業の成立を望み、人の憎むところはわれもこれを憎み、人の好むところはわれもこれを好み、たがいに手をとりあって進むようにすれば、武器がなくても勝ち、戦車や石弓発射機など、攻撃の兵器がなくとも敵を攻めることができ、塹濠がなくとも堅く守ることができます。

真の智である大智は一見して智とは見えないようなものであり、大謀は一見して謀りごととは思えないようなものであり、一見して勇とは見えないようなのが真の勇気であり、一見して利とは見えないのが真の利である大利であって、私欲とか小利とは無関係なものなのです。天下に利益をもたらす真の利である大利を図るものこそが、天下への道を開きます。天下を害するものは、おのずから天下への道を閉ざすものです。天下は君主一人のための天下ではなく、天下は天下のものであり、だれのものでもなく、国民全体の天下なのです。

天下を取ることは、ちょうど野獣を追いかけるようなもので、天下の人々はみな獲物の肉の分配にあずかりたいと願っています。（取った天下の利益は天下の人々すべてに分たれねばなりません）また、たとえば、同じ舟に乗り合わせて川を渡るようなものです。渡り切った乗船者は皆、ともに利益を得ますが、失敗すれば皆が被害を受けるのであります。ですから天下の人々は、このように利を導いてくれるもののためには、みんなして道を開き、一人として行く手を妨《さまた》げるようなことはないのです。

3

人民の利益を奪い取らないで、人民の生活の安定を心がけるものこそが人民を自分のものにすることができます。一国の利益を奪い取らないで一国の安定を心がけるものこそが、実は、国が之を利しています。天下の利益を奪い取らないことが、天下の民に利をもたらすことなのです。それゆえ勝利への道は、目にも見えない、耳にも聞こえないようなところ、微妙にしてまた微妙なところに存在します。

猛鳥が一撃を加えようとするときには、まず低く飛んで翼をすぼめ、猛獣が獲物に襲いかかるときには、耳を垂れ低く身を伏せるようにします。聖人が行動を起こそうとするときもこれとおなじく、かならず愚者のような態度を見せるものです。

4

いま、あの殷では、民衆がいろいろのことを口々に言い合って心を動揺させ、収拾もつかぬほど風俗も乱れています。これは国が滅亡する兆候であります。

殷の国の田野を一見しますと雑草が繁茂して穀物に勝っています。また、民衆を観てみると、邪悪で不正なものが勢力を得て、正直な者を圧迫しています。その官吏を観ると、彼らは暴虐残忍で、法律、刑罰を乱用して秩序をみだしているにもかかわらず、上のものも下のものも、それに気づかないありさまであります。国が滅亡する時がきているのです。

太陽が輝いて万物は照らされ、聖人の大義が発動して民衆は利益にあずかり、聖王の兵が動いて万物が服従します。聖人の徳は、まことに偉大であります。常人には聞こえないもの、見えないものを聖人だけが聞くことができ、見ることができて、天下の人々を導くのです。なんと楽しいことではありませんか」

第十四　文啓（文徳の政治）

1

文王が太公望に問う。

「聖人の操守すべきものは何だろう」

太公望が答える。

「聖人には何を守るというような問題はないのです。何の憂えることも惜しむこともありません。なにを得ようと思わなくとも万物はみな自然に得られるのです。いったい何を惜しみ、なにを憂えることがありましょう。万物はみな自然に集まってくるのです。政治が行われても、民衆はその政治のよい影響を知らないうちに受けており、それはあたかも四季の移り変りのごとく、いつのまにか移り変っているのに気づかないようなものです。聖人はこの自然の道を守っているだけで、万物は感化を受けるのであります。聖人の道には窮極ということがなく、冬が終ってまた春がはじまる四季の循環のように、行きどまりということはありません。

2

悠然として焦らない。陰陽の動きによって機微を求め、求めえたならば、それを心に秘蔵しなければなりません。それが心に秘蔵されたならば、かならず実行に移さなければなりません。実行しても、それを吹聴してはなりません。

天地は万物を生育しても、その功をみずから明らかにすることがないからこそ長久であります。同様に、聖人は自分の徳を明らかにしません。だからその功名が自然に現れるのです。

古代の聖人は、人を集めて家とし、家を集めて国とし、国を集めて天下を構成し、それを分割して賢人に与え、封じて万国諸侯の制度を定めました。この統治策を〈大紀〉（国家の大いなる紀綱）といいます。

政治と教育とを普及させ、民俗の風習に順応して改革を進めたから、多くの邪悪無道なことも正直潔白な行いに転じ、人々の顔つきまで一変します。国と国との往来はなくとも、それぞれの国では、人々が安楽に暮し、永住し、その長上を親愛するようになりました。

これを〈大定〉（国家の大いなる安定）といいます。

3

聖人は民の生活を安静ならしめることに務め、賢人である諸侯は民の心を正直たらしめるべく務めますが、愚かな人君は、民心を正しくすることができないので、人と争うことになります。上に立つ者がこせつくと刑罰が繁多になり、刑罰が繁多になると人民は心を動揺させ、憂い苦しみます。人心に動揺が生じると、人民は流浪し逃亡することになります。かくして上下の者の生活が不安定となり、いつまでも安定を失うことになります。これを〈大失〉（大きな国家の失政）といいます。

天下の人々の情は流水にたとえることができます。ふさげば流れはとまり、障害物を取り除くと流れはじめます。静かにしてかき乱すようなことがなければ清く澄んで流れます。ああ、なんと神秘で測りがたいことでありましょう。聖人の神智はその由来するところを知り、そこからその行き着くところを見通すのであります」

4

文王が尋ねる。

「天下の民を安静にするにはどうしたらよいだろうか」

太公望は答えた。

「天下には春夏秋冬が運行し日月が推移し、ときに大風雷雨があったとしても、変わらない法則があります。人民の暮しには、また、それぞれ安らかな生活の鉄則があります。聖人が天下の大衆と、その生活の鉄則を共にすれば天下は安静になります。最上の政治は、人為を加えず万民のおのずからの状態に従って、泰平の政治をなすことであります。その次に人民を教化して治めます。民衆は徳に導かれて政治に従うものです。天は無為自然、作為なくして事をなしとげ、民衆は自然から得られるもののほかに何も与えなくとも、天の恵みで富を得ます。このように無為にして、人々を富ますのが聖人の徳なのです」

文王はいった。

「太公望の言葉は、私のかねて思っていたことと一致する。朝に夕に、心にこのことを忘れず、天下を治める不変の道にしよう」

第十五　文伐（文をもって人を伐《う》つ）

1

文王が太公望に質問した。

「武力を行使しないで敵を征服するにはどうしたらよいであろうか」

太公望が答えた。

「おおよそ十二の方法が考えられます。

第一には、敵国が望むままに、その意志に順応して争わないことです。そうすれば相手はかならず驕慢《きょうまん》を生じ、きっと国内に不祥事が起こるでありましょう。それにつけ込んで計略をめぐらせば、敵を取り除くことができます。

第二に、国王の寵臣に近づいて親しみ、寵臣の権力を君主と二分させ、一人の臣下が敵と味方とのおのおのに心を寄せるようなことになれば、その国はきっと衰えるでありましょう。朝廷に忠臣がいなければ国家はかならず危くなります。

第三に、ひそかに国王の近臣に賄賂《わいろ》を贈り、その近臣の情を買収しておけば、身は敵中にありながら情は当方に寄せているわけですから、その国に害が生じるでありましょう。

第四には、君主の淫乱な楽しみを助長させ、その情欲をつのらせ、宝石珠玉を贈り、美人を献じて心を女に傾けさせ、言葉を丁重にして逆らわず、言いなりになって調子を合わせておれば、彼は争うまでもなくみずから滅亡への凶運を招くことになりましょう。

2

第五に、相手の国の忠臣を厚遇し、その君主への贈物は少なくし、使者が来たなら、なるべく長く留めて帰さず、わざとその伝えるところを聞きいれないようにします。そして、代りの使者を派遣させるようにし、その新しい使者に対しては誠意をもって接し、親しく信頼すれば、相手の国の君主は、前使者を疑い、新使者を信任するでありましょう。その結果、前の使者は不満を持ち、結束はくずれます。この策略を抜かりなく実行することで相手の国をおとしいれることができます。

第六に、相手国の内臣を買収懐柔し、在外官吏との間を離間させます。才智ある官吏が外にあってわが国を助け、相手国内に内輪揉《も》めが起こったら、どんな国だって滅亡しないということはないでしょう。

第七に、敵国王の心を釘づけにし飛躍をとどめようと思うなら、手厚く賄賂を贈りなさい。さらに寵愛している近臣にとりいり、ひそかに買収し、彼らにそれぞれの本業を軽視させるようにし、その貯蓄したものを蕩尽させなさい。

第八に、相手の国の臣への贈物は重宝を用い、これをきっかけに、なにやかやと相談します。その相談は相手国の利益になる内容です。自国の利益になれば相手はかならず当方を信用します。これを〈重親《ちょうしん》〉（親しみを重ねる）といいます。重親が重なるに従って、彼はかならずこちらに好都合になるように働いてくれるものです。国を支える臣でありながら外国に心を傾けるようでは、その国家はかならず敗れるでありましょう。

3

第九に、相手国の君主を虚栄虚名で褒めあげ、いい気持にさせ、その威勢の広大を吹聴して相手に従ったふりをすれば、彼はかならず信用するでありましょう。また、彼の虚栄虚名を褒めあげ、おだてあげるなら、自分はまことに尊い者なのだと思いこみ、いわれるままに聖人を気取り、政治はきわめてなおざりになります。国は滅亡するでありましょう。

第十に、相手の国王に卑下し謙遜して信用を得、さらにその心情を得、万事彼の意のままに従い応じ、生死を共にする者であるがごとくに思い込ませ、いったん信用を得たら、徐々に懐柔しつつ謀略をめぐらせて待ちます。そうすれば、時機が来るに及んで、天が滅ぼしたかのように、おのずと滅びるでありましょう。

第十一には、相手国の力をふさぎ閉じ込めるには方策があります。官吏はだれでもが高い地位と富とを好み、危険なことや災難を嫌います。その人情の弱点を利用して、相手をたいしたお方などとおだて、こっそりと賄賂を贈り、その国の豪傑を手なずけます。国内の蓄積は豊富であっても、外国にはさも窮乏しているかのように見せかけ、その間、ひそかに謀りごとにすぐれた人士を送り込んで計略を考えさせます。また、勇士を送り込んで、いかにもよい部下を持ったものよと慢心させるのであります。相手国の大官が富貴に満足し、つねに繁栄に自足してさえいれば、相手の国の中に当分の一味徒党が揃ったことになります。これを〈塞《ふさ》ぐ〉といいます。いくら大国であっても、このように塞がれてしまっては、どうして国を維持することができましょうや。

第十二に、相手の国の悪臣を手なずけ、これに謀反心を起こさせ、美人や淫《みだ》らな音曲を進め献じて君の心を惑わせ、良犬良馬を贈っては遊びや狩猟に疲れさせ、ときにはその大威勢に従うように見せかけて、相手を増長させ油断を誘い、上は天の時の到来を察し、天下の人々と共に手を組んで、彼を討つ算段をすべきであります。

以上の十二の策略がすべて準備されてからはじめて兵を動かして攻略にかかります。つまり上は天の時を察し、下では地の利を察し、滅亡の兆候が現れたときにはじめて討伐すべきであります」

第十六　順啓（人心を重んず）

1

文王が太公望に尋ねる。

「天下を治めるにはどのようにしたらよかろう」

太公望は答えた。

「天下をおおうに足るほどの広大な度量があって、はじめて天下を包容することができます。天下をおおうに足る広大な信義があって、はじめて天下をまとめることができます。仁愛も天をおおうに足るほど広大なものであって、はじめて天下の人々がしたうことができ、天下をおおうに足るほどの広大な恩恵を施しえて、はじめて天下を保つことができるものです。天下をおおうに足るような権力があって、はじめて天下を掌握できます。政治の実行にあたっては、躊躇《ちゅうちょ》することなく、果断であれば、天の運行はそれに従い、時節の移り変りがあっても恐るるに足りません。度量、信義、仁愛、恩恵、権力、信念、この六つのものが完全に備わって、はじめて天下の政治を行うべきであります。

2

天下の民に利益を与えるものには、万民が門戸を開いて歓迎し、天下の民に損害を与えるものには、人々が心を閉じ、拒絶するのは当然です。天下の人々を生かす者には、人々はこれを徳として慕い、天下の人々を殺す者には、人々はこれを賊として反抗します。天下の人々の意志を貫徹しようとするものには、人々はみなその意志を遂げさせようとし、天下の人々を困窮させようとするものには、人々は仇《かたき》として憎みます。天下の人々を安んじさせるものには、人々は頼みとして心を寄せますが、天下の人民を危険にさらすものには、人々は災難として遠ざかります。天下は一人の人のものではありません。ただ、聖徳を備えた人だけが、天下の主となって政治を行うことができるのです」

第十七　三疑（三つの疑問）

1

武王が太公望に問う。

「わたしは天下の王として政権を確立したいと思うが、不安なことが三つある。すなわち、わが力が足りないために強い敵を攻めることができず、敵の君臣間の親密を離間することができず、敵の大衆の団結を破壊して分散させることができない。これに対するご高見をお聞きしたい」

太公望は答えた。

「敵の威勢にさからわないようにし、わが謀計を相手にさとられないように、慎重であり、金銭を惜しまず使って相手を手なずけることであります。いったい強敵を攻撃するには、その強いのを煽《あお》り立てて、さらに強大にさせ、勢力をますます拡張させます。強すぎれば必ず折れ、拡張しすぎれば必ず損じます。

強敵を攻めるには、その相手の強さを逆用し、相手を油断させます。親密なる者を引き離すには、疎遠なものを用いず、かえって親信されている士を利用して中傷離反させます。大勢の敵軍兵士の大衆の団結を破るには、人数が多ければ多いほど統率が困難になりますので、その大衆が多いということを利用して、その弱点に乗じ、団結をくずします。

2

いったい謀計は、周到で、しかも秘密であることが大切です。何か事を起こして相手の反応を見、相手にむさぼる気持があれば、それに応じて利益を与えます。そうすると、それに釣られてかならず争いの心が起こるものです。

親しい者を引き離そうと思うなら、その寵臣と愛人に接近し、彼らの欲しているものを与え、また、利益で誘うことで国王が彼らに親しまぬようにしむけ、意志の疏通《そつう》を得させないようにし、国王に親しむ者がその国では志を遂げられないようにします。彼らが利益をむさぼって非常に喜んでいれば、それで目的は達せられたのですから、それ以上深入りをしないで、国王の親しい者たちへの疑いを残したままにしておきます。

3

すべて敵を攻撃する道は、かならずまず敵の目をくらましておいてから、強大な力を攻めほろぼし、人民の災害を取り除けるようにします。相手に美女を与えて色欲に溺らせ、賄賂《わいろ》を贈って満足させ、美味を食わせ、音曲に耽《ふけ》らせるようにします。すでに君臣の信頼関係を切り離し、一般大衆と疎遠にさせ、しかも、これらの謀計はけっして相手にさとられてはなりません。相手をこちらの術中に陥れながら、少しも気づかせないように為し遂げれば成功です。

4

相手国の人民には、惜しみなく財貨を施さねばなりません。人民は、いうなれば牛や馬のようなものであります。たびたび飲食物を与え手なずけなさい。飼い養って、なついてきたら愛しなさい。心の働きから智が生れ、その智慧から財産が生み出されます。財産には人々が寄り集まって来るものです。その多く集まって来た人々の中に賢者が見出され、この賢者がわが手足となって働いて、天下に王たるべき道を開いてくれるのです」

第三巻　竜韜

第十八　王翼（王者の腹心）

1

武王が太公望に尋ねた。

「王者が軍隊を統率するには、かならず手足、羽翼となって補佐する者がいて、はじめて威力を発揮すると聞いているが、それにはどうしたらいいのだろうか」

太公望が答えた。

「兵を動員し、軍隊を率いるに際しては、将軍の采配にすべてがかかっています。将軍は全軍の命を預っているのですから、臨機応変に対処し、一本調子に事を処してはなりません。各自の才能に応じた官職を与え、それぞれの長所を取り適材適所に用い、時の情勢に従って自由自在に変化させ、軍の規律を作ります。それゆえ、将軍には手足となり羽翼となって働く者が七十二人いて、天道に応じているのです。この数は天道七十二候から出たものです。(太陰暦で自然現象にもとづく七十二の季節の区分。五日を一候とし、三候を一気とし、六候を一月とし七十二候を一年とする)

天の法則に従って七十二人の数を備えることで、自然の法則も知れるわけです。つまり、各種の個別的な才能、技芸のあるものを網羅して用い、はじめて軍の体制は完備したことになります」

2

武王はいう。

「その七十二人の軍団編制の細目をうけたまわりたい」

太公望は答える。

「まず腹心の副将が一人。その職務は、謀議のさい、手助けをし、危急の事件を処理し、天象を測り、異変を解消し、いっさいの計略を総括し、人民の生命を保全することを掌握します。

次に参謀五人。彼らはつねに安全か危急かを判断し、わざわいがまだ現れないうちに善処するようにし、各人の才能と行為とを評定し、賞罰を明らかにし、官位を授け、嫌疑を裁定するなど論功行賞を役目とします。

次に天文に通ずる者三人。彼らは星現象と暦数のことを担当し、風や雲の気配を注意し、時日の吉凶を推定し、天災異変の有無を推測し、天心の動きの機微を察知することを役目とします。

次に、地理に通じる者三人。彼らは軍の進行と舎営、敵味方の位置、地形のよしあし、通信連絡、行程のけわしい所と平坦な所、河川の深浅、山のけわしさなどを検討し、地勢の利用など、地の利を失わないようにするのを役目とします。

3

次に兵法に明らかな者九人。彼らは敵味方の形勢のつりあいを論議して対策をねり、事の成り行きを判断し、兵器を選定し、軍律違反者を検挙することを役目とします。

次に兵糧隊長を四人。彼らは必要な兵糧を計算し、予備糧食を備蓄し、輸送路を確保し、五穀を徴発し、全軍に食糧が欠乏しないようにするのが役目です。

次に斬り込み隊長が四人。彼らは兵士の中から才知勇力ある者を選び、兵器の適否を論じ、疾風や電光のように敵を奇襲攻撃し、自軍がどこからどのようにしてやって来たかを敵に知られないようにするのを役目とします。

次に奇兵隊長が三人。自軍の標識である旗や鐘鼓をかくしてひそみ、敵に味方の動静を知らせないようにし、しかも、味方には将軍の号令が徹底するように努め、敵の情報を集め、敵の文書や刻印を偽造、盗用し、号令を誤らせ、敵の意表をついて進軍、退却、闇にまぎれて、神出鬼没の奇襲をかけるのを役目とします。

4

次に、手足となる者四人。彼らは重要困難な任務に耐えて塹壕を修築したり、城壁や土塁を整え、守備の万全を期することを役目とします。

次に、知略すぐれた外交官二人。彼らは将軍の思慮の及ばない点を収拾し、過失を補い、外国の使節に応対して、論議折衝して事態の打開と紛争の解決を役目とします。

次に、権謀家三人。彼らは奇計を案出し、特異な手段を設けて人の気づかないような、きわめて変化自在の戦法を実行します。

次に、情報官七人。彼らは諸処に往来して世間の風説を聞き、世の動向を注意深く観察し、隣国のことや、内応や叛逆、裏切りはないか、軍中の情勢に留意するのを役目とします。

次に、爪や牙に相当する仕事をする者五人。彼らは軍の威勢や武勇を高揚し、全軍を激励し、困難な局面に率先して足を踏み入れ、尖鋭な敵軍を攻めて、味方の攻撃をして逡巡することのないようにするのが役目です。

5

次に、宣伝隊長四人。彼らはわが軍の名声を顕揚し、遠方の国々にまで鳴りひびかせ、四方の国境を動揺させて、敵の闘志を弱めることを役目とします。

次に遊説官八名。彼らは敵の悪臣を買収し、機会をうかがい、弁説で人心を動揺させ、敵の意向を観察してスパイ活動するのが役目です。

次に方術の士二人。彼らはまじないを行い、神のお告げなどとかこつけ、敵国の衆人の心を惑わすことを役目とします。

次に、軍医官三人。彼らは種々の薬を調剤し、傷の手当てをし、万病の治療を目的とします。

次に、主計官二人は、全軍の陣営の修築費、食料費、軍需品費など、財貨の出入りを計算することが目的であります」

第十九　論将（大将を論ず）

1

武王が太公望に尋ねる。

「将帥を論評するには、どんな基準があるのだろうか」

太公望が答えた。

「将帥たるものには五つの資質と十の欠点とが基準になります」

武王はいった。

「その細目を具体的に説明してほしい」

太公望が答えた。

「五つの資質とは、勇、智、仁、信、忠をいいます。勇ある者は果敢に行動しますから、だれも犯しがたく、智ある者は事の是非を明らかに判断して何の惑いもありませんから、だれも混乱させることができません。仁ある者は、人をいつくしむので人々からもしたわれ、信ある者は、約束を守って人々を欺くことがありませんから、人々もまた裏切ることがなく、忠ある者は、心をつくして君に仕え、二心を持つということがありません。

2

十の欠点というのは以下のことをいいます。すなわち、勇は将帥の資質として貴ぶべきものですが、勇敢すぎて、自分の重責を忘れ、死を軽んずる者がいます。短気で、せっかちな将軍がいます。欲が深くて財貨に目がくらむ将軍もいます。思いやりの心があるのはよいのですが、かえって敵につけ込まれる将軍がいます。智略戦術は心得ているが臆病なもの、自分の誠信にあわせてだれでも信用してしまう将軍がいるものです。清廉潔白すぎて度量が狭く、人をゆるせない将軍。思慮はあるのに、のんびりして決断力に欠ける将軍。剛直で自信過剰のため人を用いず、何でも自分でしようとする将軍。自分が懦弱《だじゃく》なため何でもすぐに人に任せてしまう将軍がいるものです。

3

猪勇にして命を惜しまない将軍は、挑発して激怒させ、無謀な戦いをさせることができます。短気で性急な将軍は持久戦でいらいらさせることができます。貪欲で財貨に目がくらむ将軍は賄賂によって誘うことができます。思いやりが深すぎて決戦できない将軍は疲労を待てばよいのです。智略戦術は心得ているが臆病な将軍は、苦しめ辱《はずかし》めて前後の見さかいをなくさせることができます。人を信用して疑わない将軍は、欺いて撃つことができます。清廉潔白であり過ぎ、度量の狭い将軍は、侮辱して怒らせることができます。智があってものんびりしている将軍は、奇襲することができます。意志がつよくて不屈の精神があるばかりに、なんでも自分でやりたがる将軍は、事を多くして彼を疲労させることができます。臆病で他人まかせの将軍は、事情に暗いので欺《だま》しやすいわけであります。

4

なんといっても軍隊は国家にとっての大事であり、国家存亡のわかれ道ともなります。兵の命は将軍にかかっています。将軍は国家の補佐役であり、先代の聖王も重んじたのであります。ですから将軍の任命には細心の注意を払わなくてはなりません。

昔から『戦争は敵味方、両方が勝つということはない。また、両方ともが敗れることもない』（かならずどちらか一方が勝つか敗れる）といわれています。出兵して国境を越えたら、十日以内に敵国を滅ぼさなければ、かならず自軍が敗れて将軍を殺すことになるでありましょう」

これを聞いて、武王はいった。

「まったくあなたの仰有《おっしゃ》るとおりだ」

第二十　選将（大将を選ぶ）

1

武王が太公望に質問する。

「王者が戦争を宣するとき、すぐれた賢士を選び出して将軍を任命するのに、その候補者である戦士の気品の高下をどのようにして看破したらよかろうか」

太公望は答える。

「士には、外見と内実とが一致しないものが十五点あります。外見は謹厳実直そうに見えて、その実は愚かな者がいます。外見は温和で善良そうなのに、内実は盗みをする者がいます。いかにも恭敬深《つつしみ》そうに見えながら、内実は傲慢な者がいます。

外見は清廉潔白に見えますが、内実は誠心のない者がいます。見かけはこまめでよく気がつく人のようでありながら、内実は無情の人がいます。外見は湛々として真情にあふれるように見えますが、内実は誠意のない人がいます。一見智謀あるごとくして、内実は決断力のない者がいます。果敢のごとくに見えながら、内実は無能な人がいます。律義そうに見えながら、信用のおけない者もいます。が、また外見はぼんやりしているように見えながら、かえって忠実な者もいます。

乱暴で言葉につつしみがないように見えながら、実際にはたいへん役立つ者もいます。外見は勇敢のようにみえて、内実は臆病な者もいます。いかにもつつしみ深く謹直そうに見えながら、心の中では相手を馬鹿にしている者もいます。姿もその声も厳格苛酷のごとくで、ほんとうはかえって心静かでつつしみ深い者がいます。威厳がなく風采もさえない男が、いざ使者となると立派にその役目を果し、その目的をなし遂げることもあります。

天下の人々がみんな賤んで取りあげない者でも、聖人だけはその本質を見抜いて尊び、凡人にはなかなか判らないことがあります。聖人のまことに聡明な眼力でなければ、なかなか見分けることができません。以上が、人物には、その外見と内実とが一致しない点があるということであります」

2

「どうしたらその内実を知ることができるだろうか」

と、武王が尋ねた。

太公望が答えた。

「それを知るに八つの判定法があります。第一には、相手に質問して、その回答の言葉を観察します。第二に、言論によって追究し、その臨機応変の程度を観察します。第三には、おとりの者に誘惑させ、これに惑わされない忠誠心を観察します。第四に、真正面から率直な質問をして、その徳行を観察します。

第五には、財貨をつかさどる職につけてみて清廉であるかどうかをみます。第六に、美女を近づけてその貞節であるかどうかをみます。第七には、難事の起こったことを知らせて勇気があるかどうかをみます。第八に、酒に酔わせてその態度を観察します。

以上の八つの判定法のすべてを試みれば、その人物が賢者なるか不肖者なるか判別できます」

第二十一　立将（大将に大事を命ず）

1

武王が太公望に尋ねる。

「将軍を任命するその礼式をお教えいただきたい」

太公望が答える。

「国が難事に出会ったときには、君主は正殿を避けて別殿に移り、将軍を召し出して詔を下し、『国家の安危はすべて将軍の肩にかかっている。いま某国が臣下の礼を守らなくなった。将軍よ、軍隊を率いてこれを討伐せよ』と仰せられよ。将軍を任命すると、太史（天文、暦のことを担当する長官）に占の用意をさせます。三日間の斎戒沐浴《さいかいもくよく》をして身心を清め、祖先の霊廟に赴き、霊亀の甲を焼き、その割れ目によって占いを立て、出陣の吉日を選び、斧《おの》と鉞《まさかり》を将軍に授けて全権を委任します。

斧と鉞の親授式では、君主は霊廟の門に入って西面して立ち、将軍は北面して立ちます。君主は親しく鉞を取り、その首部を持ち、将軍にその柄を渡して、『ここから上は天に至るまで、すべて将軍の処置に一任する』と告げます。

また、斧を手に取り、その柄を持ち、将軍には刃の方を手渡し、『ここから下は地底に至るまですべて将軍の処置に一任する。将軍の心のままに討伐せよ。敵の乗ずべきすきをみたら進撃し、充実してつけ入るすきがなければかならずとどまれ。大軍であることを頼みにして敵を軽んじてはいけない。君命を重んずるあまり、けっして軽々しく討ち死にしてはならない。自分の身分が高いからといって人を賤んではいけない。独断と偏見とで、衆人の意見を無視してはならない。口のうまい者にいいくるめられて、それをなるほどと合点してはいけない。兵士がまだ腰を下ろしたりしないうちに、自分が腰を下ろしてはいけない。兵士が食事をしない前に、食事をとってはならない。寒さ暑さもかならず兵士と共にするようにせよ。このようにすることで、多くの兵士たちは死力をつくして戦うであろう』と告げます。

2

3

将軍は出征の命令を受けると、拝礼して君主に次のように申告します。『私はかつて、国政は国外軍によって治めることができないし、出征軍は国都の中から制御することはできない。国を思う心と、わが身を愛する心との二心があっては、君主に仕えることはできない、君主が将軍に疑念を持ち、将軍が君主に疑心を持つようでは、敵国に応戦することはできない、という言葉を耳にしておりますが、私がいま君命を受け（軍中での刑罰を行うべき）斧鉞《ふえつ》の大権を委任されましたからには、私はけっして生きて帰ろうなどとは思いません。そこで君主におかれましては、出征軍隊には国内からは干渉しない、という一言を賜りたいと存じます。もしこのことをお聞きとどけ下されなければ、臣たる私は将軍としての光栄をお受けいたしかねます』と。

4

君主が将軍に統帥権を与えると、将軍はいとまごいをして出征します。つまり、軍中の万事は君主の命令を受けることなく、すべて将軍の裁量にまかされます。敵に対陣して決戦となっても、将軍の権威が確立しているので、兵士たちの心に動揺の生ずるいわれがありません。上は天から干渉されることもなく、下は地から制約を受けることもなく、前に敵なく、後に干渉する君主もなくなります。ですから智者は将軍のために智恵をしぼって謀りごとをなし、勇者は将軍のために力を尽して闘い、その意気は青雲をしのぎ、出撃の速さといったら駿馬のごとく、この勢いに圧倒され、武器を接して戦うまでもなく敵は降伏します。将軍が敵軍に勝てば、君主の前でその功業を賞せられ、将官は昇進し、兵士は賞賜を受け、人民は歓喜し、将軍は無事任務を遂げることができます。このような、何もかもみな順調な勝利には、天地の気も感応して、風雨も時節を違えず、五穀もゆたかに実り、国家は安定するものです」

武王はうなずいた。

「まことに善い言葉を聞いたものだ」

第二十二　将威（大将の権威）

武王が太公望に尋ねた。

「将たる者は、どうしたらその権威を全軍に示し、どうしたらその明智を示し、どのようにして禁止事項や命令を徹底させることができるだろうか」

太公望が答えた。

「将軍たる者は、相手がどんなに身分の高い者であっても法を犯したら、かならず成敗して権威を示し、どんな卑賤の者であろうとも手柄があったときには、かならずその功績を賞して明智であることを示し、罰を詳審妥当に行えば、禁止事項も、また命令したこともただちに実行されるものです。

ですから一人を殺せば全軍が恐れて震えあがるような者は断乎として死刑に処し、一人を賞して万人が喜ぶような者は、惜しみなく賞賜すべきです。死刑は大物ほど効果があり、表彰は卑賤な者ほど効果があります。死刑が要職高貴な人にまでおよぶのを、刑の上極といい、賞賜が牛飼い、馬丁、うまやの雑役人にまでおよぶのを賞の下通といいます。刑罰が最高官にまでおよび、賞賜が最下層の者にまで行きわたれば、将軍の威令が行きわたっているということになるのです」

第二十三　励軍（軍卒を激励する）

1

武王が太公望に尋ねる。

「私は全軍の兵士を、城を攻撃するときには先を争って城に登り、野戦では先を争って進撃し、退却の合図を聞いては怒り、進軍の鼓声を聞けば喜ぶ、というようにしたいと思うのだが、それにはどうしたらよかろう」

太公望が答えた。

「将軍には勝利を得る道が三つあります」

2

武王はいった。

「その詳細を知りたい」

太公望が答えた。

「冬でも毛皮の服を着ない、夏は扇を手にしない、雨の日にも笠をかぶらない将軍のことを〈礼将〉といいます。将軍は自分で軍礼を経験しなかったら、兵士たちの寒暑の苦しみを知ることができません。険阻な道を行軍したり、泥沼の道を進むときに、将軍はかならず兵士より先に、馬や車から下りて歩みます。これを〈力将〉といいます。将軍は自分で労務に服しなかったら、兵士たちの労苦を知ることができません。

全軍の兵士がみな宿泊すべき場所が決ってから、将軍は自分の宿舎に入って休息し、みんなの食事がすべて煮あがってから将軍は食事をし、全軍に灯火がともるまでは、将軍も灯火をともしません。これを〈止欲の将〉といいます。将軍が自身で欲望を抑止できなければ、兵士が飢えているか満腹しているかを知ることはできません。

3

将軍が兵士たちと寒暑、労苦、腹ごしらえを共にすればこそ、全軍の兵士は進軍の号令に歓喜し、退却の合図に怒り、深い堀をめぐらせた高い城から弓矢や石が雨のように降りそそぐ中をものともせず、先を争って城壁を登り、白刃の中をも先を争って切り込むのです。兵士が死を好み負傷を楽しむわけではありません。彼らの上に立つ将軍が、兵士たちの寒暑や腹かげんをよく知り、平素から彼らの労苦をこまかく知って、利害を共にしているから、そうなるのです」

第二十四　陰符（主君と大将の契り）

武王が太公望に質問した。

「兵を率いて深く敵の諸侯の地に侵入し、わが軍に急変事があって、それが利をもたらすものにしろ、あるいは害をもたらすものにしろ、そういうときに、遠近の部隊と連絡を取り、中と外とを呼応させ、軍隊の用を足したいと思う。この情報連絡に、どんな方法があるだろう」

太公望が答える。

「君主と将軍との間に秘密の割り符があり、全部で八種類あります。大勝利を知らせる符は長さ一尺。敵軍を破って、その大将を殺したことを知らせる符は長さ九寸。城を降し村落を占領したことを知らせる符は、長さが八寸。敵を撃退し遠くに追い払ったことを知らせるときの符は、長さ七寸。味方の兵士たちに警戒させ守備を堅固にさせるときの符は長さ六寸。糧食や増兵を請求するときの符は長さが五寸。軍が敗れ、将軍が戦死したことを知らせる符は長さが四寸。形勢不利、多数の兵士が戦死したことを知らせる符は長さが三

す。

使者たちは諸種の使命を帯びて割り符を運びますが、途中遅れて時期を失ったり、符の機密をもらした者、さらにその機密を聞いた者は、すべて殺します。

この八種類の符は、君主と将軍と二人だけの秘密事項で、国の内と外とで意志、消息を相互に知り合う方法なのです。敵にどのような智者がいても、この機密を見抜くことはできません」

「なるほど」

武王はうなずいた。

第二十五　陰書（密書）

武王が太公望に尋ねた。

「兵を率いて敵の諸侯の地に深く侵入し、国内の君主と戦地の将軍とが連絡し合って臨機応変の策を行い、思いがけぬ勝利を得たいと考えるとき、その意図がこみ入っていて、事情が煩雑で簡単な割り符（陰符）では十分でなく、距離もかけはなれ、口頭ではとても通じないとき、両者の交信にはどうしたらよいであろうか」

太公望が答える。

「複雑な秘密事項や大きな計画を立て、その情報を交換し合うときには、文書を用いて割り符は用いないものです。君主が書面を将軍に送り、将軍が君主にうかがいを立てるさいには、〈一合して再離し、三発して一知す〉という方法をとります。〈一合して再離す〉とは、一書の全文を横に切り分けて三部とすることであり、〈三発して一知す〉とは、三人の使者に一部分ずつを持たせ、それをひとまとめにして読むのであって、他人に文意をさとられないようにします。これを『陰書』といいます。こうすることで、敵にどんな智者がいても、その文意を理解することはできないわけであります」

「なるほど」

武王はうなずいた。

第二十六　軍勢（敵を破る勢い）

1

武王が太公望に尋ねた。

「敵を攻め伐つにはどうすべきだろう」

太公望は答えた。

「敵を攻め伐つときの勢いというものは、相手方の動きによって生じ、変化は両陣営の相対する間に起こり、奇襲と正攻とは見きわめがたい情勢の中から発生します。つまり戦はどう展開するかわからないのです。

それゆえ秘策も、用兵策もひとくちに言語で説明できるものではありません。用兵策も事態の進展に従って変化すべきで、きまった型があるわけではありません。すみやかに事を運び、間髪をいれないのが肝要です。臨機応変に敵から制せられないのが戦いの根本です。

いったい兵事は、敵の軍情を聞いては、いかに破ろうかと評議し、敵の軍形を見ては、いかにして撃破しようと図り、敵の方術を知っては、いかに困らせようかと考えます。その作戦を看破されては、たちまち軍は危地に陥るわけであります。

2

それゆえ、戦いに巧みな将は、戦陣を布かない前に、その智謀で敵を制圧しているわけです。よく国難を取り除く将軍は、まだ事が生じない前に処理してしまいます。善く敵に勝つものは、相手から攻撃される前に勝つのです。

理想的な戦いは、戦わずして勝つのです。白刃を接して勝敗を争うものは良将とはいえません。時機を失した後になって備えを設けるのは聖人とはいえません。智恵が凡人とおなじでは一国の師とはいえませんし、技術が凡人とおなじでは一国の名工とはいえません。

兵の事は必勝より大なるはなく、兵の用は玄妙沈黙より大なるものはなく、兵を動かすには敵の不意を襲うより効果的なものはなく、謀りごとは相手に知られないのが一番です。勝利を得ようとするものは、まず自軍の弱体を敵に見せておいて後に戦うのです。そうすれば敵の半分の兵員で、敵の二倍の戦果をあげることができます。

3

聖人は天地自然の動きに順応して行動します。凡人はだれもその条理を知りません。聖人は陰陽の道に従い、その季候に従い、その変化の状況に従います。天地における満ち欠けの法則を把握して従うのを常法とします。万物に生と死とがあるのは、天地の満ち欠けの法則によるのです。

ですから『その形勢を見ないで戦えば、味方が多数であってもかならず敗北する。巧妙に戦うものは、どんな場合でも乱されることがなく、勝機とみれば兵を起こし、不利と思えばただちに戦いを止める』というのです。

また『恐れるな、猶予するな。兵を用いるとき、最大の害はぐずぐずと猶予することだ。軍には狐疑躊躇が最大の災禍である』ともいうのです。

4

戦いの上手な将軍は、利と見れば機会を逃さず、時機と思えばただちに決断します。有利な機会を失い、時機をはずすと災いを受けることになります。ですから智将は機会をのがさず、戦いに巧みな者は決断したらもう猶予しません。突然の雷音に耳をふさぐひまもなく、稲光りに目をつぶるひまもない迅速さで敵陣になだれ込み、兵を用いるときは狂乱したかと思われるほどの威勢です。このような軍勢に当るものは打ち破られ、近づくものは滅び去り、だれ一人として、これに抵抗することはできません。

いったい将軍があれこれ口に出さないで、言語に表わせない機微で守るのを神業といいます。形に現れない敵の弱点を見破って勝つのを明智といいます。この神明の道を知る将帥には、野に横行闊歩する敵もなく、対立する国もないわけであります」

武王はうなずいた。

「まったくそうだ」

第二十七　奇兵（臨機応変の戦術）

1

武王が太公望に尋ねた。

「用兵の大要をうかがいたい」

太公望が答えた。

「昔、よく戦った者は、天空で戦ったのでもなく、地下で戦ったわけでもありません。その勝敗はすべて神変不測の勢いによって決ったのです。その勢いというものを会得した者は戦いに勝って繁栄し、それを会得できなかった者は滅亡したのです。

2

両軍が対陣しているのに、武器を陳列してみたり、ときに兵卒を勝手にふるまわせ隊列を乱させたりして、無統制の軍のように見せかけるのは、敵を欺く手段です。草や樹木が深く生い繁っている所に陣を取るのは、いざというときに逃げやすいための謀りごとです。けわしい渓谷に陣を構えるのは、敵の戦車や騎兵の進攻を防ぐための策略です。路がせまく塞《ふさ》がっていて山林に囲まれた地に陣を布くのは、小人数で多数の敵兵を撃破するための計略です。水たまりの沼や展望のきかない所に陣取るのは、軍勢を伏せ隠すための戦術です。視野がひろく、遮《さえぎ》るもののない平野に陣を張るのは、勇力をふるって決戦をするためであります。

矢の飛ぶように速く、石弓を切って放つように機敏に攻撃をしかけるのは、敵軍の精密微妙な謀りごとを破るためであります。伏兵を待機させ奇襲兵を配備しておいて、わざと遠くに退いて陣を張り、あざむいて敵兵を近づけるのは、敵軍を破り、敵将を生捕りにするための作戦であります。

軍勢を四隊あるいは五隊に分けるのは、敵の円陣を撃ち、方陣を破るための戦術であります。

3

敵に何か変事が起こり、その驚き騒ぎに乗じて攻めるのは、一をもって十倍する敵を撃つことのできる策略です。疲労して夜営したところを攻めるのは、十をもって百倍する敵を撃つことのできる手段です。

奇抜な技術、手段を用いるのは、深い堀を越え、大河を渡るための戦法です。強い弓や長い鎗を用意するのは、河水を越えて来る敵を防戦するための作戦です。

城門の造作を長くつづけ、遠く敵国内に放った斥候《せっこう》が故意にへまをし、慌てて逃げ出すようなふりをさせるのも、敵をおびき出し、その間に城邑を乗取るための計略です。太鼓を打ちならし大いに騒ぎながら進軍するのも、敵の関心をそこに向けさせ、虚に乗じて撃とうという奇策です。

暴風雨は、前軍を不意打ちし、後軍を攻めて敵将を捕えるのには好都合であります。いつわって敵中に兵を送り、敵の使者だと詐称させるのは、その糧道を絶つための作戦です。敵とおなじ合言葉や合図を使い、同じ制服を着るのは、逃亡のときに敵軍にまぎれ込んで、その敗走を追撃するためであり、戦うときに正義を説き、大義名分を強調するのは、味方の大衆を励まして敵に勝たんがための方策であります。

4

官位を高くし恩賞を手厚くするのは、兵卒に将軍の命令をよく守らせるためです。刑罰を厳重にするのは、さぼっている者に活を入れ、積極的にさせるためであります。ときに喜び、ときに怒り、あるときは恩賞をあたえ、あるときは官位を奪い、文徳で懐柔し、武威で脅《おびやか》し、あるいは事を徐々に、あるいは急速にするのは、全軍を調和させ、臣下を統御する方策であります。

高地で展望のきくところに陣を張るのは、敵に不意を撃たれないようにするためであり、険阻な地を確保して、そこを動かないのは、守りを堅固にするためであります。山林が鬱《うっ》蒼《そう》と茂ったところは、軍の往来を秘密にするのに都合がよく、塹溝を深くし土塁を高くして兵糧を多く貯蔵するのは、持久戦を考えてのことであります。

5

それゆえ、『戦略を知らない者は敵について語る資格がない。兵士を自由に、前後左右に集め、散ずることのできない者は、奇兵の術を語る資格がない。乱れては治まり、治まっては乱れる、戦争のならいに通じない者は、権変の術を語る資格はない』といわれています。それだからまた『将軍に仁徳がなかったら、全軍の兵卒は和親しない。将軍に勇気がかけたら全軍も戦意を喪失する。将軍に叡智がなかったら、全軍の兵士は疑い惧《おそ》れる。将軍が明敏でなかったら決断を下すことができず、軍隊は危機に陥る。将軍が細心の注意を払わなかったら、軍は攻撃の機を失う。将軍がつねに警戒しなかったら、軍の規律は乱れ、守備することができなくなる。将軍の統率力が弱かったら、全軍の兵士はその職務を怠る』ともいわれているのです。

将軍は人の生命をつかさどります。将軍は軍隊と共に、和平、戦乱の場に臨むことになります。賢将を得れば兵も強く、国は栄え、賢将を得ないならば、兵は弱く、国は滅びます」

「なるほど」

武王はうなずいた。

第二十八　五音（五つの音声）

1

武王が太公望に尋ねた。

「十二律五音を聞きわけることで、敵軍の動静とか勝敗の結果を知りうるだろうか」

太公望が答えた。

「王の質問はまことに深遠なものがあります。いったい律管は十二種ありますが、それを要約すると五音ということになります。宮、商、角、徴《ち》、羽です。この五音こそ基本となる正声です。これらは万世変ることのないもので、五行の神秘であり宇宙の原則です。これによって敵の動静を知ることができます。水は火に勝ち、火は金に勝ち、金は木に勝ち、木は土に勝ち、土は水に勝つというように、金、木、水、火、土の関係で、それぞれに勝つべき行によって攻めなければなりません。この五行を配された五音の変化によって勝敗が決せられます。

2

古代において、伏羲・神農・黄帝の三皇の時代には、無為自然の理法によって、剛強な人民を統御しました。その時代、文字はまだなく、すべて金、木、水、火、土の五行の道によって天下を治めました。五行の道は、天地の自然で、六十甲子もすべてこれに分属し、まことに微妙な神秘であります。

五音で敵の状況を知る方法は、空がよく晴れ、雲も風雨もない夜中、馬に乗り馴れた軽騎兵を敵の軍陣に近づかせ、およそ九百歩ばかり離れたところで、十二律の管を残らず持って耳に当ててから、大声を出して敵軍を驚かします。

3

そうすると敵軍のあわてふためいた声が管に反応します。その反応はたいへん微妙です。もし、五音のうちの角の声が律管に反応したときは(角は木に属し、木に勝つのは金でありますから)金の神である白虎の方位、日時をもって攻撃します。

徴《ち》の声が律管に反応したときは、徴は火に属し、火に勝つのは水でありますから、水の神である玄武の方位、日時をもって攻撃します。

商の声が律管に反応したときには、商は金に属し、金に勝つのは火でありますから、火の神である朱雀の方位、日時をもって攻撃します。

羽の声が律管に反応したときには、羽は水に属し、水に勝つのは土でありますから、土の神である勾陳《こうちん》の方位、日時を選んで攻撃します。

五管の声のどれにも反応しなかったときには、それは宮であります。宮は土に属し、土に勝つのは木でありますから、木の神である青竜の方位と日時を選んで攻撃します。これが五行のしるしであり、勝利に導く兆候であって、勝敗の分れる機微であります」

武王はうなずいた。

「なるほど」

4

つづいて太公望はいった。

「敵陣から反応してくる微妙な五音には、律管に反応するほかにも、はっきり外に現れるいろいろなしるしがあります」

武王は尋ねた。

「どうして知ることができるのか」

太公望が答えた。

「敵が驚いて発する声音の中からそれを聴き取ります。枹《ばち》と鼓の音が聞えたら、それは木から作られるもので、木に属する角です。火の光が見えたら、それは火に属する徴《ち》の声です。金鉄、矛の音が聞えたら、金に属する商の声であり、人が大声で叫び合う声を聞いたら、それは水に属する羽の声です。ひっそりとして何の音も聞えなければ、それは土に属する宮の声です。この宮、商、角、徴、羽の五音は、敵兵が発する音色の外面に現れるしいるしによって判別できるわけであります」

第二十九　兵徴（勝敗の前兆）

1

武王が太公望に尋ねた。

「まだ戦わないうちに敵の強弱を知り、勝敗の前兆を知りたいと思うが、よい方法があるだろうか」

太公望が答えた。

「勝敗の前兆は、まずその精神面に現れるものです。明将はそれをいちはやく察知します。そのしるしは人から生じます。注意深く敵人の出入り、進退をうかがい、その動静、言語、吉凶の前兆、兵士の話などを観察します。

2

全軍が喜び勇み、士卒が軍法を畏れ、将軍の命令を重んじ、敵を破ることを喜び合い、勇猛、功名談に興じ合い、ひたすら武威をあげるのを名誉としているのは、その軍が強いことを示している証拠です。

軍中、しばしば驚き騒ぎ、兵士たちの心が一致せず、敵の強いことを恐れ合い、味方の不利を私語し、不吉な流言が絶えず、疑心暗鬼し、軍法を恐れず、その指揮官を軽んじているのは、その軍が弱いことを示すしるしであります。

3

全軍に秩序があり、陣形が堅固で、堀は深く城壁は高く、また、大風雨がかえって有利にはたらき、軍中に事故がなく、軍旗は前に向ってはためき、鐘の音はあくまでも澄んで鳴りひびき、太鼓の音がよどみなく美しく響くのは、これは天祐神助を得て大いに勝利を得るしるしであります。

これに反し、隊列陣勢が堅固でなく、軍旗は乱れてもつれあい、大風雨が不利を招き、兵士は恐れおののき、気力は息切れしてつづかず、軍馬は驚いて駆け出し、戦車は車軸を折り、鐘の音は濁って低く、太鼓の音は湿ってよく響かないのは、大敗を示す証拠であります。

4

城を攻め村邑《そんゆう》を包囲したときに、城の気相が火の消えた灰のような感じであったら、その城を陥落させることができます。城の上に立つ気が北に流れていたら、その城に攻め勝つことができます。城の上に立つ気が西に流れていたら、その城を降すことができます。城の上に立つ気が南に向っているのは、その城を攻め抜くことはできないでしょう。城の上に立つ気が東に流れていたら、その城を攻めてはなりません。城の上に立つ気が出て、ふたたび入るようなのは、城主がかならず逃亡します。城の上に立つ気が流れて、わが軍の上をおおうようであれば、軍中にかならず病人が出ます。城の上にたつ気が流れて高く昇り、とまらないときには、戦いは長びきます。

いったい城を攻め村邑を包囲したとき、十日すぎても雷も鳴らず、雨も降らなかったら、すみやかに撤退すべきでしょう。その城にはかならず援軍か、天祐神助があるからです。

以上は攻めるべき機微を知って攻め、攻めるべきでない場合を知って、これを中止するという《ル》ことであります」

「なるほど」

と、武王はいった。

第三十　農器（農具と兵器）

1

　武王が太公望に尋ねる。

「天下が安定し、国家が無事泰平なときでも、戦攻の兵器は整備しなくてはならないのか。国防の備えは整えておかなくてもよいものだろうか」

　太公望が答える。

「戦い、攻め、守り、防ぐための器具は、すべて平時の生活のなかに備わっています。農夫の耒耜《らいし》（すき）は、戦争に使う行馬（矢来＝竹、丸太を縦横に組んで作った柵）や蒺藜《しつれい》（ひし＝人馬の侵入を防ぐために撒き散らす菱の実）に当ります。馬や牛の引く荷車は、戦時の囲い陣屋や塀、垣、大盾に当ります。鋤耰《じょゆう》（草を除き、土をならす農具）は、武器の矛戟《ほこ》に当ります。簑簦《さし》（みの）や簦笠《とうりゅう》（かさ）は、兵士の甲冑や干櫓《たて》とおなじです。

钁（くわ）銛（すき）斧（おの）杵《しょ》（きね）臼《きゅう》（うす）は、城を攻める兵器になります。牛馬は兵糧を輸送するものであり、鶏や犬は、軍の斥候の役割を果します。婦人が機を織るのは、軍の旌旗に当り、農夫が土を平かにするのは、兵士の城攻めに当ります。

2

春に雑草や灌木を刈り取るのは、戦時に車騎で戦うのと同じです。夏、田畑の草を抜き取るのは、戦時に歩兵として戦うのと同じです。秋に稲や柴を刈り納めるのは、糧食の備蓄に当り、冬に倉庫に貯蔵しておくことは、城を堅固に守備することに当ります。

村落が五家ずつ一組になっているのは、軍陣間で約束や符による信号を送るための配置と同じで、村落に官吏がおり、官庁に長官がいるのは、軍に将帥がいるのとおなじであります。村里ごとに周囲に垣を設けて、みだりに行き来することのできないのは、軍隊に分隊があるのと同じであり、穀類を輸送し、芻《すう》（まぐさ）を刈り取るのは、軍に倉庫があるのと同じです。春と秋に城郭を修理し堀を浚《さら》うのは、戦時の塹壕や塁壁を修理するのに当ります。

3

ゆえに兵器は、すべて人々の平時の生活のなかに備わっているといえます。すぐれた統治者は、この民衆の平時の生活を重視して、軍備国防を考えます。それゆえ、農民が六種の家畜（馬、牛、羊、鶏、犬、豚）を飼育し、田野を開墾し、家庭に安住できるようにします。男子が農業をするには、一人何畝と責任面積があり、婦人が機を織るにも一人何尺と課せられた尺数があります。このようにすることが国を富ましめ兵を強くする方法なのです」

「なるほど」

と、武王はうなずいた。

第四巻　虎韜

第三十一　軍用（軍の器具の効用）

1

武王が太公望に尋ねた。

「王者が軍隊を動かすに当って、軍隊内で必要な用具、攻撃用、守備用の武器、兵科別によるその種類、等級、数量について、なにか法則があるのだろうか」

太公望が答えた。

「王のお尋ねはたいへん大きな問題であります。たしかにおっしゃるとおり、攻撃用、守備用の武器については、それぞれに種類と等級というものがあり、それが軍の大きな威力となります」

武王がいった。

「その武器に関する話をお聞きしたい」

2

太公望は、次のようにいった。

「およそ兵を用いるときの概略としては、甲冑《かっちゅう》を着けた兵士一万人を統率するには、原則として兵衛の大扶胥《だいふしょ》（大型戦車）三十六台を使用し、錬磨の勇士で強弩《きょうど》（大弓）と矛《ほ》戟《こ》（長短の刃）とを持った兵士が両翼をかため、一車ごとに二十四人の歩兵がついて推し進めます。その車輪は直径八尺で、車の上には旗と鼓を立てます。このような隊を兵法では震駭《しんがい》（敵を震動、驚駭させる）と名づけます。この戦車を使って敵の堅固に守った陣地を陥落させ、強敵を破るのであります。

次に、兵衛のため大型の櫓《やぐら》（車上の蔽）を設置し矛戟を整備した戦車七十二台を用い、錬磨の勇士が強弩と矛戟を持って両翼を守ります。この戦車には五尺の車輪をつけ、絞車（未詳、一説に綱を張った車、また、弓を結びつけた車という）連弩（多くの弓を矢つぎばやに放つ）を添えて掩護《えんご》します。これもまた、敵の堅陣を陥落させ、強敵を破るためのものです。

次に小型の櫓を設置した戦車百四十六台を用います。これにも絞車の連弩を添えてみずからの車台を守らせます。轆轤《ろくろ》型の車輪で推進します。これもまた敵の堅陣を陥落させ、強敵を破るためのものです。

次に、三連発の弩《おおゆみ》を装備した、大黄という大型戦車三十六台を用います。錬磨の勇士が強弩と矛戟を持って両翼を守り、飛鳧《ひふ》と電影とを添えてみずからの車体を防禦します。飛鳧は赤い矢柄に白い羽をつけた矢で、銅の鏃《やじり》を付け、電影は青い矢柄に赤い羽をつけた矢で、鉄の鏃をつけます。昼は長さ六尺、幅六寸の赤い絹の旗を光耀としてなびかせ、夜は長さ六尺、幅六寸の白い絹の旗を流星のようにひらめかせ、これによって敵の堅陣を陥落させ、敵の歩兵、騎兵を破ります。

傍から敵陣に突進して、攻撃をしかける大型戦車三十六台を用います。蟷螂《かまきり》のように長い武器を持った兵士が乗り、縦横に敵陣を攻撃し、強敵を打ち破ります。

輜車《ししゃ》、騎寇《きこう》は一名電車ともいいますが、兵法ではこれを電撃と申します。敵の堅陣を陥落させ、歩兵、騎兵を破るために用います。

敵軍が夜襲をしかけたときには、陣営の最前列に配置してある矛戟で武装した軽量の戦車百六十台に、蟷螂の勇士が、それぞれ三名ずつ乗りこんで応戦します。兵法では、これを霆撃といいます。これによって敵陣の堅守を陥落させ、歩兵や騎兵を破るためのものであります。

3

鉄棓《てつぼう》維朌《いふん》は、四角の大きな頭のついた鉄棒で、重さ十二斤、柄の長さ五尺以上のもの千二百本、これは一名天棓《てんぼう》といいます。大柯斧《かふ》は、柄の大きな斧で、刃の長さ八寸、重さ八斤、柄の長さ五尺以上のもの千二百本、これは一名天鉞《てんえつ》といいます。鉄鎚は、四角の頭の鉄鎚で、重さ八斤、柄の長さ五尺以上のもの千二百本。これは一名天鎚《てんつい》といいます。これらは大群となって攻めてくる敵の歩兵や騎兵を打ち破るために用います。飛鉤《ひこう》（熊手）は、長さ八寸、先のまがった部分が四寸、柄の長さ六尺以上のものを千二百本用意し、敵衆の中に投げいれます。

全軍が陣を構えて守備するには、木螳螂《もくとうろう》（木製の矢来）に剣刃を結びつけたもので、広さ二丈のものを百二十具用います。これは一名、行馬といいます。平坦な土地で、わが歩兵が、敵の戦車、騎兵を防ぎ破るために用います。木蒺蔾《もくしつれい》（木製で三角形の刺をもった障害物）の高さ二尺五寸のものを百二十具用意します。これは敵の歩兵、騎兵の突撃してくるのを破り、進退きわまったのを要撃し、敗走する敵兵を遮断するためのものです。

次に軸が短かくよく回転し、矛戟を結びつけた指南車、百二十具を用意します。これは昔、黄帝が蚩尤《しゆう》氏を破ったときに用いた武器で、進退窮まった敵を要撃し、敗走する敵兵を遮断したのです。

4

狭い路や小径《こみち》には、鉄蒺藜（鉄製の刺のある障害物）を張ります。鋒《きっさき》の高さ四寸、広さ八寸、長さ六尺のもの千二百具を用意し、敵の歩兵や騎兵を破ります。夜の闇に乗じて襲撃してきて、白兵戦となるようなときには、地上に羅網《あみ》を張り、二つの鋒のついた障害物と三つの鋒のついた障害物とを用いる。これらの鋒の間が二尺であるもの一万二千具を布《し》き並べます。

広野の草の中では、胸までの高さの小型の矛、千二百本を用意します。その鋋矛は一尺五寸の高さで、地面に立てておきます。これによって、敵の歩兵や騎兵を破り、進退窮まった敵を要撃し、敗走する敵兵を遮断するためのものです。

狭い路や小径、窪地では、三連の鉄の鎖、百二十具を用意します。これは敵の歩兵や騎兵を破り、進退窮まった敵兵を要撃し、敗走する敵兵を遮断するためのものです。

5

陣営の門を守るには、矛戟を結びつけた小さな櫓《たて》十二具を用い、大弓で武装し、連発仕掛けの小型戦車を添えて援助させます。

全軍を堅守するには、天羅《てんら》、虎落《こらく》という鉄の鎖を連ねた矢来を張りめぐらします。それぞれの広さ一丈五尺、高さ八尺のもの百二十具、また、虎落と剣刃を整備した戦車で、広さ一丈五尺、高さ八尺のものを五百十台用意します。

6

溝や塹《ほり》を渡るには、飛橋を使います。その幅が一丈五尺、長さは二丈以上で、自由に転換する轆轤《ろくろ》（滑車）を取りつけたもの八組を、環利通索（綴金《とじがね》とその中を通した縄）で張り渡します。

大河を渡るには、飛江《かけはし》というのを使います。幅が一丈五尺、長さが二丈以上のもの八組を、環利通索で張り渡します。

天浮鉄螳螂《てんぷてつとうろう》というのは、内部を方形にし、外部は円形で、直径四尺以上にし、まわりに縄をからませて丈夫にしたもの三十二個から成りますが、この天浮を利用し飛江を張り渡して大海を渡るのです。これを天潢《てんこう》、または天船と言います。

7

山林や平野に陣営を築くには、虎落をめぐらした柴垣の営舎を作るのです。それには鉄の鎖の長さ二丈以上のもの千二百本、太縄の太さ四寸、長さ四丈以上のもの六百本、中太の縄で太さ二寸、長さ四丈以上のもの二百本、細い縄で長さ二丈以上のものを一万二千本用意します。

降雨のときには、戦車の上を覆い重ねる板を麻縄で互い違いに結びあわせ、幅四尺、長さ四丈以上のものを、戦車一台ごとに一組必要とします。鉄の杙《くい》を立てて、その上にこれを張ります。

8

その他、次のようなものを用意します。木を伐《き》る大斧《おおおの》、重さ八斤、柄の長さ三尺以上のもの三百。棨钁《けいかく》（鋸のようなもの、あるいは大きな鋤《じよ》のようなものとも言う）刃の広さ六寸、柄の長さ五尺以上のもの三百。銅築固為垂《どうちくこいすい》（木を伐るための斧のような銅製の手斧）長さ五尺以上のもの三百個。鷹の爪の形をした鉄製の把手《くまで》で、柄の長さ七尺以上のもの三百本。方形の鉄叉《てっさ》（鉄の刺股《さすまた》の類）で、柄の長さ七尺以上のもの三百。草木を刈る大型の鎌《かま》で、柄の長さ七尺以上のもの三百本。大櫓刃《だいろじん》（大きな鉈《なた》）で重さ八斤、柄の長さの六尺以上のもの三百本。綴金のついた鉄の杙、長さ三尺以上のもの三百本。杙を打ちこむための大きな鎚《つち》、重さ五斤、柄の長さ二尺以上のもの百二十本。

甲冑で武装した兵士一万人の内訳は、大弓隊六千、矛戟と戟櫓《たて》とを持った者各二千人。その外に、攻撃用具を修理し、兵器を鋭く研《と》ぐことに巧みな者三百人。以上が挙兵のときに必要なおおよその数であります」

武王はいった。

「いかにももっともなことだ」

第三十二　三陣（天陣・地陣・人陣）

武王が太公望に尋ねた。

「兵を用うるには天陣、地陣、人陣を為《な》すというが、どういう意味であろうか」

太公望はいった。

「日月《じつげつ》、星辰《せいしん》（北極星）など、あるときには左に見、あるときは右に見、あるいは正面に向きあい、あるいは背にするというように、天の時に従って布陣するのを天陣といいます。

丘陵や水泉にも、やはりそれを前にするか後にするか、また左にするか右にするかによって有利な地形というものがあります。これを地陣といいます。

さらにまた、戦車を用いるか馬を用いるか、あるいはまた、文治を用いるか武威を用いるかを考慮するのを人陣といいます」

「なるほど」

と、武王はいった。

第三十三　疾戦（速攻戦術）

1

武王が太公望に尋ねた。

「敵軍がわが軍を包囲して、進路、退路ともに断たれ、食糧輸送の道さえも絶ってしまったとき、どんな戦法をとったらよいであろうか」

太公望が答えた。

「それは最悪の状態の軍というものです。迅速果敢に反撃に出れば勝てますが、慎重に備え、いたずらに日を送っていたら敗戦を招くことはあきらかです。このような場合には、前後左右、四隊の突撃隊を編成し、戦車と勇猛な騎兵とをもって敵の軍陣を混乱させ、その混乱に乗じて疾風迅雷の攻撃を加えたなら、包囲を突破し、縦横自在に軍を動かすことができるでしょう」

2

武王がいった。

「敵の包囲を脱出した後、戦いに勝利を得るためには、どんな方策があるのだろうか」

太公望が答えた。

「左翼の軍はただちに左に撃って出、右翼の軍は一直線に右を撃ち、敵に誘われて深追いすることなく、中央の隊は左右両翼の隊の状況と歩調を合わせながら前進、後退し、兵力を分散させることなく、たがいに連絡を取りながら行動するなら、敵軍がいかに衆を恃《たの》んでいても、敗走させることができるものであります」

第三十四　必出（脱出戦術）

1

武王が太公望に尋ねた。

「兵を率いて深く諸侯の領地に侵入し、敵は四方から連合してわが軍を包囲し、帰路を絶ち、兵糧輸送の路も絶った。敵軍は兵士も多勢で食糧も豊富に、しかも険阻な地に布陣して守備も堅固なとき、わが軍はこの窮地を脱出したいと思うのだが、どんな方法があるのだろうか」

太公望は答えた。

「包囲を破って脱出する方法は、兵器を大切にし、勇気をもって闘うことが第一であります。敵兵の油断しているところや、敵兵のいないところが判れば、かならず脱出できます。将士は夜闇にまぎれるために玄旗（黒い旗）を持ち、それぞれの武器を持ち、馬には嘶《いなな》かせないように、口に銜枚《かんばい》（口にかませる小板）をくわえさせ、夜闇に乗じて出動します。勇猛で脚力があって、敵将を刺し殺すような兵士は、先鋒として敵の営塁を崩し、主力軍のために進路を開きます。一方、腕の達者な強弓の勇士は伏兵として後に配置し、弱卒と戦車隊と騎兵とは中央に配置します。そのように陣容が整ってからおもむろに前進し、けっして驚駭狼狽があってはなりません。

武装した兵士を乗せた戦車で陣の前後を防ぎ守り、大櫓（大型の盾）で陣の左右を守ります。もし敵兵がわが軍の進攻に気づき騒ぐようであれば、その機をすかさず決死隊が突撃して進みます。弱卒と戦車騎兵はその後につづき、腕の達者な強弓の勇士たちは隠れ伏して待機し、追撃してくる敵軍のようすをうかがい、伏兵はいっせいに起ち上って敵の背後を撃ちます。たいまつを煌々《こうこう》と照らし、太鼓を打ち鳴らし、まるで地から湧き出たか、天から降って来たのかと敵を狼狽させ、全軍が果敢に戦えば、わが軍の攻撃を防禦することができないでしょう」

2

武王がいった。

「前に大河、広い塹、深い坑《あな》があって、わが軍は、これを渡りたいと思っても舟の準備がなく、しかも敵は塁《とりで》に陣どってわが軍の進路を遮断し、退路を塞《ふさ》いでしまった。敵の斥候兵はたえず警戒を怠らず、険しい地を利用して備えた敵陣には少しの隙《すき》もないように守備しており、前面からは戦車と騎兵が、後方からは突撃兵が要撃してくる。このような場合、どんな方策があるものだろう」

太公望は答えた。

「大河、広い塹、深い坑は、地の利を過信して敵が油断して守らないところです。かりに守っていたとしても、その兵はかならず少ないでありましょう。このようなときには、飛江《かけはし》と転関、天潢（飛江を対岸にわたすはしけ、筏《いかだ》の類）とを使って、わが軍を渡し、勇猛で腕の立つ兵士が、指揮に従って敵陣を攻撃し、全軍に死を覚悟させて奮戦させます。まず、わが軍の荷物を焼き捨て、食糧を焼却して、はっきりと将士に宣告します。『勇敢に戦えば生きられるであろうが、少しでもひるむようなことがあれば死ぬであろう』と。すでに脱出に成功したならば、わが後駆《しんがり》をつとめた部隊のために雲火《かがりび》を用意して遠く敵の動向を窺《うかが》わせ、かならず草木、丘墓《おか》、険阻の地を利用して伏せさせます。敵の戦車隊や騎兵はきっと深追いして追撃してくるようなことはないでありましょう。そこで烽火《のろし》を合図にして、先に脱出した部隊もここに終結し、四隊の方形の陣を構えて敵に備えさせるのです。このようにわが全軍の精鋭が勇闘奮戦すれば、敵はわが軍の進撃を防ぎ止めることができないでありましょう」

「なるほど、そのとおりだ」

と、武王はいった。

第三十五　軍略（軍事謀略）

武王が太公望に尋ねた。

「兵を引率して深く諸侯の地に進攻し、深い渓谷や両岸が険しい河の流れにぶっつかり、わが全軍が渡河しきらないうちに、突然に暴雨となり水量が急増し、後続の部隊が前の部隊に続いて渡ることができなくなった。舟や橋の用意もなく、馬を飼うべき水草も得られなくなったとき、わが全軍を無事に渡河させて停滞しないようにしたいのだが、それにはどんな方策があるのだろうか」

太公望は答えた。

「およそ将軍として兵衆を統帥するにあたって、あらかじめ深謀遠慮をめぐらさず、軍用品も整備されず、教練も徹底せず、士卒も訓練不足であるというのでは、もはや王者の兵ということはできません。

全軍に大事が迫ったとき、器械の使用に習熟していて、それを用いないということはありません。城を攻め、町を包囲する場合には、轒轀《ふんうん》（装甲車）臨衝《りんしょう》（戦車）を用います。

敵の城中を偵察するには雲梯《うんてい》（組立て式の梯子《はしご》）飛楼（組立て式の櫓《やぐら》）を用います。全軍が停止したときには武衝（装甲車）大櫓（大盾）を用いて前後を防衛します。

敵が道路を遮断し、市街の交通を絶つときには、勇猛で腕力のある兵士と、強い弓をひく勇士とを伏せさせて、道や街の両側を守備させます。陣営や堡塁を設営するにあたっては天羅（逆茂木のついた鹿垣《ししがき》の類）虎落（障害物つきの垣根の類）行馬（矢来の類）蒺蔾《しつれい》（障害物の類）などを用います。

昼は雲梯に登って遠望し、警戒し、五色の信号旗を立てて合図とし、夜は雲火や万炬《たいまつ》をたき、雷鼓（大太鼓）を打ち鳴らし鼙鐸《へいたく》（振り鐘）を振り、鳴笳《めいか》（ラッパの類）を吹いて敵に備えます。溝や塹《ほり》を越えるには、飛橋（投げ橋）転関、轆轤《ろくろ》（滑車のついた筏の類）鉏鋙《そご》（組み合わせ板）を用います。大河を渡るには、天潢、飛江などを使用します。波に逆らって、流れをのぼるためには浮海、絶江（ともに水を渡るための用具）を用います。

以上のように、軍用器具が整備していたら、将としてなんら心配することはないのであります」

第三十六　臨境（敵陣攻略法）

1

武王が太公望に尋ねた。

「国境で敵と対峙し、敵軍が攻めて来ようにも、わが軍が攻めて行こうにも、両軍の陣営が堅固で、どちらからも手出しができない。こちらから攻撃をしかけようとすれば、向うからも反撃してくるであろう。このような場合、どうすればよいであろう」

太公望は答えた。

「兵を三軍に分けます。前衛軍は塹濠を深く掘り、土塁を増築して出撃させず、旌旗を列《つら》ね、鼙鼓を打って、守備を完全にさせ、後衛軍には食糧を多量に蓄積させ、持久戦の態を擬装させ、わが真意を察知させないようにしておいて、ひそかに精鋭の兵士を発進させ、敵の中軍を不意に襲い、その備えのないのを攻撃させます。敵軍はわが軍の真意を知らないわけですから、誘い出しの策かと危疑し、陣にとどまったままで、攻めて来ることはないでありましょう」

2

武王が尋ねた。

「敵がわが軍の実情をよく知り、わが軍の計謀にも通じ、兵を動かしてわが軍の事情を察知し、そのために精鋭の兵士を深い草のなかに伏せさせ、わが軍を隘路で要撃し、さらにわが軍の作戦上便利な地点を攻撃してくるとしたら、このような場合、どうすればよいのであろうか」

太公望は答えた。

「わが軍の前衛隊を毎日繰り出して挑戦させ、敵の戦意を疲労させ、わが軍の老兵、弱卒に命じて、柴を曳きまわして土煙を揚げさせて大軍が行動するように見せかけます。攻め太鼓を打ち鳴らし、喊声《かんせい》をあげ、行ったり来たりします。敵軍の左翼に出、あるいは右翼に出たりして、敵軍から百歩ばかりのところで自在に行動させます。敵の将軍はかならず疲れ果て、兵士は不安をおぼえるようになります。このようであれば、もう敵軍は攻撃して来るようなことはありますまい。これに反し、わが軍の攻撃部隊は一時も休止することなく、あるときは敵の内陣を襲い、あるときはその外陣を撃ち、機をみて全軍がいっせいに急襲するならば、敵はかならず敗れることになりましょう」

第三十七　動静（敵の動静を探る）

1

武王が太公望に尋ねた。

「兵を統率して深く敵諸侯の領地に侵入し、敵の軍に遭遇してにらみあいとなった。兵の数と強弱もほぼ等しく、おたがいに自分の方から先にしかけようとしない。このようなとき、私は、敵の武将たちを恐れおののかせ、敵の兵士たちは不安で心をいため、陣営内は動揺し、後軍は逃げることばかりを考え、前軍は後方が不安なので何度も後ばかりを振り返るようになり、その機に乗じて太鼓を打ち喊声をあげて敵の動揺につけ入り、敗走させたいと思うのだが、それにはどうしたらよいであろうか」

太公望が答えた。

「そのような場合、わが軍の兵を繰り出して敵の陣地から十里ほど離れた地点の両側に伏せておき、戦車隊、騎馬隊は敵の前後百里のところに配置し、その旌旗や鐘、太鼓をことさらに多くして、開戦とともに、いっせいに太鼓をたたき喊声をあげて攻撃をしたならば、敵将はかならず恐れおののき、その軍はあわてふためき、部隊はばらばらになって、おたがいに救援することができず、将官も士卒もわれがちに逃げまどい、敵はかならず敗れ去るでありましょう」

2

武王がいった。

「敵軍の地勢は、その両側に伏兵を置くに適せず、戦車、騎兵隊も、敵軍の前後に配置するに適していない。その上、敵はわが軍の謀慮を察知し、先手を打ってその備えを完了し、堅固な陣地を築き上げてしまったら、わが軍の士卒は意気沮喪《そそう》し、将帥は恐れおののいて戦意を失い、戦っても、勝つことはとうてい無理であろう。こういう場合は、どうしたらよいであろうか」

太公望は答えた。

「主君のご下問は、まことに理にかなっています。このような場合、開戦五日前に、遠くわが斥候を出して敵の動静をさぐらせ、はっきりと敵の来襲を予知し、その行く手にわが軍の伏兵を配置して待つのであります。その伏兵はかならず背水必死の地点で敵と会戦することを避けるためです。

わが軍の旌旗は、伏兵のところより遠く離して立て、わが軍の陣隊はまばらで手薄であるように見せかけて敵を誘い、いきなり敵前に出て戦うかと見れば、またいつわって退却し、ほどよいところで停止の金鼓を打って止まり、三里ばかり取って返したところでわが軍の伏兵も同時に決起し、追撃してきた敵軍の両側から攻撃したり、前後から攻撃したりして、全軍が力を合わせて速戦すれば、敵はかならず敗走するでありましょう」

武王はいった。

「まったくそのとおりだ」

第三十八　金鼓（防禦戦術）

1

武王が太公望に尋ねた。

「わが軍を統率して深く諸侯の領地に侵入し、敵軍と相対したとき、大寒あるいは大暑の時候であり、日夜雨が降りつづいて十日もやまず、わが軍の塹壕や堡塁はすべて破壊され、険隘な要塞も守りきれず、斥候も怠慢になり、兵士たちの緊張感もなくなっているところへ、敵軍が夜襲して来た。わが軍は備えなく、部将も士卒たちもすっかり惑乱してしまった場合、どうすればよいであろうか」

太公望は答えた。

「およそ軍隊というものは警戒を厳重することによって堅固になり、警戒を怠ることによって敗北をまねくものであります。わが軍の城塁ではつねに出入する者を点検し、一人ひとりが旗を持ち、陣営の外部にいるものと内部の者と、たがいに連絡し合い、暗号によってお互いに確め合い、警戒の声を絶やさないようにします。

このように陣営内を固めてから外敵に向かい、三千人を一団として、よく戒めて誓約させ、それぞれの守るべきところを慎重に守らせます。敵軍が攻めてきても、わが軍の警戒が厳重なのをみては、かならず引き返すでありましょう。もし敵の力が尽き士気がゆるんだとみたときは、ただちにわが軍の精鋭を繰り出し、敵の退却に乗じて攻撃するのであります」

2

武王が尋ねた。

「敵はわが軍の追撃に気づき、精鋭の伏兵を隠し、偽って敗走し、とどまろうとしない。それを深追いしたわが軍がいきなり敵の伏兵に襲われ、帰陣しようとすると、敵はわが軍の前衛を攻撃し、あるいは後衛を襲撃したりして、わが軍の堡塁にまで迫って来たとする。わが軍は大混乱を起こし、恐れのあまりに統制を乱し、各自が自分の部署を離れてしまうだろう。そういう場合、どうしたらよいであろうか」

太公望は答えた。

「全軍を三隊に分けて敵の退却を追撃しますが、敵の伏兵のいる地点を越えないようにします。追撃する三隊がそろってから、あるいは敵軍の前後を攻め、あるいは敵の両側を陥落させ、おたがいに信号と号令を徹底させてすばやく攻撃して前進するならば、敵軍はかならず敗北するでありましょう」

第三十九　絶道（糧道を絶つ）

1

武王が太公望に尋ねた。

「兵士を統率して深く諸侯の領土に攻め入り、敵軍と対陣したとき、敵がわが軍の食糧補給路を絶ち、また、わが軍の前後に布陣してわが軍の連絡を中断し、わが軍は決戦しても勝つ見込みもなく、陣を堅めて守ろうとしても持久力がないような場合、どうしたらよいであろうか」

太公望は答えた。

「敵地深く攻め入るからには、かならず地勢を観察し、努めて地の利のよいところをみつけ、山林、険阻な場所、川や泉、森などを利用して堅固な陣地を布き、関所や橋梁を注意して守備し、また、城邑、丘陵など付近の地形の利となるところを知っておかねばなりません。このようにすれば、わが軍の守備は堅固となり、わが軍の食糧補給路を絶つことはできませんし、また、わが軍の前後に陣を取ることなどもできないでありましょう」

2

武王が尋ねた。

「わが軍が大きい林や広い沼沢地、平坦な地を通過するとき、わが軍の斥候に誤失があって、突然、目の前の敵軍と接触し、戦おうにも勝算なく、守備を堅めるにもまにあわない。敵軍ははやくもわが軍の左右を取りかこみ、前後を押さえてしまい、わが全軍が大いに恐れてしまったとき、このような場合、どうすればよいであろうか」

太公望は答えた。

「すべて大軍を統率するときには、つねにまず遠くまで斥候を派遣し、敵軍から二百里ほどの地点では、もう敵の所在を詳細につかんでいなければなりません。

地形が不利であれば、すぐに戦車を並べ、これを盾として前進し、また、二隊の後衛を置き、遠い隊は本隊から百里、近い隊は五十里の間隔をとって備えます。いざということが起こったなら、前衛軍と後衛軍とがたがいに助け合うことができるので、わが軍の守備はつねに安全堅固で、けっして傷《そこな》われることはないでありましょう」

「いかにももっともである」

と、武王はいった。

第四十　略地（敵地攻略）

1

武王が太公望に尋ねた。

「戦いに勝利を得て深く敵地に進撃し、その領土をつぎつぎに略取しようとするとき、容易に攻略できぬ大きな城があった。敵の別軍は付近の険しい要害に籠って対抗している。敵城を攻め村を包囲したいと思っているのに、その別軍が突然、襲撃してきて、城内と城外とから、たがいに呼応してわが軍の前後から攻撃してきた。そのためにわが軍は非常に混乱し、部将も士卒も恐れおののき、士気を喪失するのではないかと憂慮される。このような場合、どうしたらよいのであろう」

太公望は答えた。

「敵の城を攻め村を包囲するには、戦車隊、騎兵隊はかならず敵城から遠く離れて屯衛させ、警戒を厳しくして、敵の城中と城外と連絡がとれないようにし、城内の人々の食糧がなくなるのを待ち、城外から補給できないようにすれば、城内の者は恐怖心におそわれ、結局はかならず敵将も降服するでありましょう」

2

武王が尋ねた。

「城内の者が食糧に欠乏し、外部から補給できないとき、城の内外でひそかに約束し、たがいに秘密の打ち合わせをして、夜陰に乗じて必死の決戦隊を繰り出し、その戦車隊や騎兵の精鋭が、わが軍の内外を攻撃して来て、わが軍の士卒たちはあわてふためき、わが軍は混乱して敗れるかもしれない。このような場合、どのようにすればよいであろうか」

太公望は答えた。

「そのようなときには、全軍を三隊に分け、慎重に地勢を選んで陣を布《し》き、敵の別隊の所在地、およびその主要な城や出城を詳細に察知しておき、敵兵のため逃げ道を作って逃亡心をさそい、一方ではわが軍は万全の守備をして遺漏《いろう》なからしめます。

敵軍は恐れおののき、山林に逃げ込むのでなければ大邑（首都）に退却するでありましょう。同時に敵の別軍をも敗走させ、わが軍の戦車、騎兵は遠くからその行手をさえぎって脱出させないようにします。

城内の敵兵で、先に城を出た者たちはうまく抜け道を見つけて脱出に成功したであろうと思い、精鋭の勇士たちはかならず撃って出、城内には老兵、弱卒だけが残るでありましょう。

そこでわが軍の戦車や騎兵が敵地深く入って攻撃すれば、敵軍はもはや包囲された城兵を救出しようとしてやってくることもないでしょう。

わが軍は慎重にかまえ、籠城している敵軍と戦ってはなりません。その食糧補給路を絶ち、包囲して守備を固め、降服してくるまで長く待ちます。また、人民の財産を焼いてはなりません。人民の家屋を破壊してはなりません。墓地に植えられた樹木や社地の草を伐ったり刈ったりしてはいけません。降服して来る者を殺してはいけません。捕虜を殺してはいけません。敵の人民には仁義を示し、手厚い恩徳の政治を施し、敵兵や人民に布告を出し、『罪は君主一人にある』と告げさせます。このようにすれば、天下はみな主君に服するでありましょう」

「なるほど」

と、武王はいった。

第四十一　火戦（放火作戦）

1

武王が太公望に尋ねた。

「兵を引率して深く諸侯の領地に進攻し、生い茂った雑草がわが軍の周囲を包むような地形に出会い、すでに数百里の行軍で人馬ともに疲労困憊《こんぱい》した全軍が休止しているとき、敵軍は大気が乾燥して風の強いのを利用し、風上から火をつけ、戦車隊、騎兵隊の精鋭が堅くわが軍の後方に待ち伏せしているというような場合、わが全軍は恐怖し、隊列を乱して逃走するであろう。そんな場合、どうしたらよいであろうか」

太公望は答えた。

「このようなさいには、雲梯《うんてい》や飛楼を使って、前後左右を展望観察し、敵が火をつけたのを発見したら、すぐにわが軍営の前の草に迎え火を放って、広く焼き払います。また、わが軍営の後方も同様に焼き払います。敵が攻めて来たら、軍を引いて少しばかり退却し、焼け跡に陣取って守備をかためます。

敵がわが軍の後方に来襲しても、こちらから先手を取って火を放ち逆襲するのを発見すれば、かならずや逃走するでありましょう。わが軍は焼け跡に陣営を構え、強弩の士や腕の立つ勇士たちが左右を守備し、また、わが軍の前後の草を焼いて敵の伏兵をおけないようにします。このようにすれば、敵はわが軍を害することができないでありましょう」

2

武王が尋ねた。

「敵軍がわが軍の前後左右を焼き、その煙がわが軍の上を覆い、敵の大軍が焼け跡に陣取って、攻撃をしかけてきたら、どうしたらよいであろう」

太公望が答えた。

「そのような場合は、四武の衝陣《しょうじん》（中軍を中心に、前後左右に各一隊を配する陣形）をつくって、強弩隊が左右を守備して戦います。この方法を取れば、たとえ勝つことができなくとも、敗れることはありません」

第四十二　塁虚（敵陣探察法）

武王が太公望に尋ねた。

「敵の城塁の実情と動向とは、どのようにして知ることができるであろう」

太公望が答えた。

「大将たるものは、かならず上《かみ》は天道を知って天の理にあった行動をし、下《しも》は地理を知って、よくこれを利用し、中《なか》は人事を知って、人情の機微を把握することが大切であります。高い場所に登って下方を遠望して敵の変動を観察します。敵の営塁を望み見れば、城内の兵の多少を知り、敵の士卒を望み見ると、おのずと敵軍の進退去来、動向を知るのであります」

武王がいった。

「それは具体的に、どうしてわかるのだろう」

太公望が答えた。

「敵軍の太鼓や鐸の音に耳を傾けても、何の音も聞こえず、敵城の上を望み見るに、飛鳥が数多くいて悠々と飛んで驚くようすもなく、営塁の上に人間がいる気配がない場合は、かならず敵は人形をおいて偽装しているだろうことを知ります。

また、攻撃しかけてきた敵兵が、急に退却したかと思うと、落ち着くひまもないのにふたたび攻撃しかけてくるのは、敵が士卒を動かす上で、性急であることが判ります。士卒の動かし方で落ち着きなく性急であれば、敵軍の前衛、後衛が相続かず、途切れがちになり、敵の陣はかならず乱れます。このような場合、急いでわが軍兵を進発させ敵を攻撃すべきであります。少人数で多数の敵を攻撃したとしてもかならず破ることができるでありましょう」

第五巻　豹韜

第四十三　林戦（林間作戦）

武王が太公望に尋ねた。

「兵を率いて深く敵諸侯の領地に進攻し、大森林に踏み入り、そこで敵と遭遇し、林を二分して対戦するとき、わが軍は守っては堅固に、戦っては勝利を収めたいと思うのだが、どのような方策を立てたらよいであろうか」

太公望は答えた。

「わが全軍を分けて四武の衝陣（中軍を中心に前後左右に各一隊を配置する陣形）を構え、各隊の兵士をかけひきに便利なところに陣取らせ、弓弩隊を外側に、戟楯《ほこたて》の兵を内部に置きます。草木を刈り取り、なるべく味方の軍の通り道を広く取り、戦場として動きやすくします。旗を高くかかげて士気を誇示し、全軍に触れを出し、敵に味方の情勢を察知させないようにします。これが林戦であります。

林戦の法というのは、味方の矛戟《ほこ》の兵を率いて五人一組として行動し、林間の樹木が疎《まば》らなところでは、騎兵を援助し、戦車を先に立て、勝機と判断すれば攻撃し、不利とみればすみやかに手を引かせます。林に険阻な地形が多いときには、かならず四武の衝陣を構えて、前後に備えます。この戦法で全軍が果敢に戦ったなら、たとえ敵の軍隊がいかに多くとも敗走させることができます。味方の全軍は交互に戦い、交代して休息し、それぞれの部署を堅く守り抜きます。これが林戦の法紀であります」

第四十四　突戦（奇襲作戦）

1

武王が太公望に尋ねた。

「敵人がわが領内深く侵入し、長駆してわが領地を侵略掠奪《りゃくだつ》し、味方の牧場の牛馬を駆逐し、全軍をあげてわが城下に殺到し、わが軍の兵士は恐怖のあまり戦意を失い、人民は数珠つなぎに捕虜となってしまったとき、そんな場合、私は守っては堅固に、戦っては勝利を得たいと思うが、どんな方策があるであろうか」

太公望は答えた。

「そのような敵の攻撃を突兵と呼んでいます。彼らは進撃にのみ心を奪われ、牛馬に飼い餌を与える余裕もなく、兵士は糧食に欠乏しているでありましょう。そこでわが軍は急遽反撃に転じ、地方に駐屯している別動隊から精鋭の兵士を選ばせ、急に敵の後方を襲撃させます。その決行には期日を入念に打ち合わせ、かならず月のない暗夜に結集し、全軍をあげて迅速に攻撃をしかけるなら、敵兵がいかに多かろうとも、敵将を捕虜にすることができるでありましょう」

2

武王が尋ねた。

「敵軍が三、四隊に分れて、あるいはわが領土を侵掠し、あるいは占領地にとどまって牛や馬を掠奪し、敵の大軍はまだ全部は到着しないが、先鋒の部隊がわが城下に急迫し、味方の全軍が恐慌状態に陥った場合、どうしたらよいであろう」

太公望が答えた。

「注意深く敵軍の動静をうかがい、まだ敵軍の主力が到着していなかったら、わが軍はまず守備を堅めて敵の到着を待つのですが、城から四里はなれたところに高い塁《とりで》を築き、鐘や太鼓、旗さしものなどをすっかり並べ立て、別隊は伏兵としておきます。塁の上には多くの強弩を置き、百歩ごとに突出門を設け、その門には行馬を置き、敵の侵入を防ぎ、戦車隊、騎馬隊は塁の外に備え、勇敢な精鋭は塁の内にひそませて待機します。

敵がもし攻撃して来たら、わが軍は軽装の兵士を繰り出して応戦させ、時をみて、いつわって敗走させます。そのとき、わが城の上に旗を立て、鼙鼓を打ち鳴らし、もっぱら守備を固めます。敵はわが軍が籠城するものと判断し、かならず城下に殺到するでありましょう。この機を見て、待機していた伏兵を繰り出して敵軍の中央を突き、あるいは外部を攻撃し、これと呼応して全軍が機敏に出動して攻撃をしかけ、あるいは敵の先鋒を撃ち、あるいは後軍を猛襲したならば、いかに勇敢な敵軍でも混乱して闘う気力をなくし、身軽な兵卒も身動きできなくなるでありましょう。これを突戦といいます。敵の軍勢がどれほどの大軍であっても、敵将はかならず敗走するでありましょう」

「よくわかった」

と、武王はいった。

第四十五　敵強（強敵対抗作戦）

1

武王が太公望に尋ねた。

「兵を率いて、深く敵諸侯の領地に進攻し、敵の衝軍と出会ったが、敵は大軍でしかも強力、味方は少数でしかも弱体であるのに、敵は夜襲をかけて、わが軍の左翼を攻め、あるいは右翼を撃ったため、わが全軍は恐怖し震えおののいてしまった。そのようなときにも、私は戦っては勝ち、守っては堅固でありたいと思う。それには、どんな方策があるのだろうか」

太公望が答えた。

「そのような敵を震寇《しんこう》と呼んでいます。こうした敵には攻勢に出て戦うのが有利でありま す。けっして守勢にまわってはなりません。わが軍中から武勇のすぐれた兵士、強弩《きょうど》の兵士、戦車隊、騎兵隊の精鋭を選び出し、陣の左右の翼とし、急遽敵の前後、表裏に攻撃をしかけたならば、敵の兵士はかならず混乱し、敵の将軍は平常心を失い、策の施しようもないでありましょう」

2

武王が尋ねた。

「敵軍が遠巻きにしてわが軍の前途を遮《さえぎ》り、急にわが後軍を攻撃し、味方の精鋭の出撃を絶ち、分断し、陣営の内外で連絡を取れなくしたため、全軍は無秩序状態になり、浮足立って、士卒は闘志を失い、将帥に死守しようとする気概がなくなったとき、そのような場合、どう対処したらよいであろう」

太公望が答えた。

「明智あるおたずねであります。そのようなときには、なによりもまず号令を徹底させます。そのうえで、軍中より勇鋭、敵の将帥の首級を挙げんばかりの剛の者を選び出し、人ごとに炬火を持って軍威を張り、二人で一つの鼓を打っては気勢を高め、かならず敵軍の所在を確認のうえ、敵の正面を、あるいは裏を攻撃します。暗号を用いてたがいに示し合わせ、炬火の火を消し、鼓を打つのをやめ、陣営の内外が相呼応して攻撃の期を決め、全軍がいっせいに攻撃をしかけると、敵はかならず敗亡するでありましょう」

「なるほど」

と、武王はいった。

第四十六　敵武（衆敵対抗作戦）

1

武王が太公望に尋ねた。

「兵を率いて深く敵諸侯の地に進攻し、そこで突然、敵軍に出会ったが、敵は大軍で、しかも武威に溢れている。戦車隊と果敢な騎兵隊とが、わが軍を左右から挟撃し、ためにわが全軍は戦慄して逃走を止めようにも方法がない。こんな場合に、どんな方策があるのだろうか」

太公望は答えた。

「そのような兵を、敗兵といいます。それによく善処しうる良将は、敗戦を転じて勝利に導くこともできますが、善処しえなければ敗亡するよりほかありません」

武王は尋ねた。

「その善処するとは、どのようにすることだろう」

太公望が答えた。

「わが軍の精鋭と強弩の兵を伏兵として待機させ、戦車隊と勇猛な騎兵隊をその左右に配し、つねに本隊の前後三里の地点に陣取らせます。もし敵が味方を追撃してきたときには、わが戦車隊、騎兵隊を繰り出して敵の左右を奇襲します。このようにしたなら敵の陣形はくずれ混乱しますから、わが軍の逃走する兵士も自然となくなるでありましょう」

3

武王が尋ねた。

「わが戦車隊、騎兵隊で敵の左右を衝《つ》けといわれるが、敵は大軍でわが軍は少数、敵は強く味方は弱く、敵の精鋭は隊列整然として応戦し、どう考えてもわが軍は力不足で、対抗すべくもないというとき、どんな対処の仕方があるのだろうか」

太公望は答えた。

「わが軍の精鋭、強弩の兵を選んで、左右にひそませ、戦車隊、騎兵隊は堅く守備して待機します。敵がわが伏兵のひそんでいるところを通過したら、その機をのがさず左右から弓を射かけ、戦車隊、騎兵隊、精鋭の勇士たちが、いっせいに敵の前後から挟撃を加えるならば、敵がいかに大軍であっても、その将軍は敗走するでありましょう」

「なるほど」

と、武王はいった。

第四十七　烏雲山兵（山岳作戦）

1

武王が太公望に尋ねた。

「軍を率いて敵国諸侯の領地深く侵入したところ、高い岩山に出会い、その山の上は高くそびえて身をかくすべき草木一本もないのに、四面からの敵の来襲を受け、わが全軍は恐怖し混乱に陥った。それでも私は、守っては堅固に、戦っては勝利を収めたいと思うのだが、そのためにはどのような方策があるのだろう」

太公望が答えた。

「軍というものは、山の高いところに陣を布《し》けば、進退が自由にならず、鳥が高い木の上に巣をつくったように閉じ込められてしまい、山の下に陣を布けば、たちまち敵に捕捉されるものであります。いずれも不利な陣構えですが、すでに山に陣を布いたとすれば、かならず烏雲《ううん》の陣を構えるべきであります。

烏雲の陣とは、陰陽を兼ねそなえ、あるいは陰である北側に屯集《とんしゅう》し、あるいは陽である南側に屯集することをいいます。もし山の陽である南側に宿営したときには、山の陰である北側を防備し、山の陰である北側に宿営したときには、山の陽である南側を防備し、もし山の左である東側に陣を布いたら山の右である西側を防備し、山の右である西側に陣を布いたら、山の左である東側を防備します。敵兵が山を登って攻めて来たときには、兵を配置してその正面を防備します。交差点や深い谷あいの小径では、戦車で通行を遮断し、高々と旗を立て、全軍に厳命して、わが軍の情勢を敵に知られないようにします。これが山城（山の上の城郭）の兵法であります。

2

隊伍がすでに組まれ、士卒がすでに陣中の部署につき、軍令が行き渡り、奇襲や正攻の作戦もすでに打ち合わせを終り、各隊ごとに衝軍を山の正面に配置し、兵を有利な地点に確保し、戦車隊、騎兵隊を分置して烏雲の陣をつくり、全軍協力して速戦すれば、いかほど敵勢が多かろうとも、敵将を捕虜にすることができるのであります」

第四十八　烏雲沢兵（水辺作戦）

1

武王が太公望に尋ねた。

「軍を率いて敵国諸侯の領土深く進撃し、敵兵と水を隔てて対峙《たいじ》したとき、敵は軍需品が豊富で、兵も多いのに、味方は兵器も乏しく、兵も劣勢である。川を渡って攻撃しようとしても、兵力不足で進撃もならず、持久戦に持ち込もうにも糧食が少なく、そのうえ、わが軍は塩分の多い荒地に位置し、飲料水もままならず、付近に村落もなく、草木も生えていないので、物資を調達しようと思っても、思うにまかせず、牛馬の飼料もないという状況で、打つ手はどういうことであろう」

太公望が答えた。

「全軍には防御の備えがなく、牛馬には飼料なく、兵士には糧食がないというようなときには、なんとか手段を求めて、敵の目を欺き、一刻もはやく、そこから撤退しなければなりませんが、撤退にさいしては、敵の追撃に備えて、伏兵を残すことが肝要なことであります」

武王が尋ねた。

「敵がわが詐計に乗って来ず、かえって味方の士卒が動揺混乱し、そこへ敵がわが軍の前後を取り囲んで攻めてくれれば、わが全軍は敗走することになります。そのようなとき、どういう方法があるだろうか」

太公望が答えた。

「脱出のための方途を得る手段としては、黄金や宝石を敵の使者に贈賄して情報を得るのであります。そして、その情報は、必ず敵の使者から得、精妙緻密であることがなにより大切であります」

2

武王が尋ねる。

「敵軍はわが方に伏兵の備えてあることに気づき、主力軍は川を渡らず、一将官が別動隊を組織して、川を渡って攻撃をしかけてきたため、わが全軍は恐怖心を起こしてしまったとき、どうしたらよいであろう」

太公望は答える。

「そのような場合、武勇精鋭の兵士を選んで四陣に分け、四武の衝陣に構え、各隊ごとに有利な地点を確保させ、敵の部隊がいっせいに出撃して河を渡りかけるのを待ち、わが伏兵を繰り出し、敵の後方を襲います。強弩隊は両側から敵の左右に射かけます。戦車隊、騎兵隊を分散させて烏雲の陣を作って前後の備えとし、全軍一丸となって短期決戦をしかけます。対岸の敵主力は、この戦いを見れば、かならず全軍をあげて川を渡って攻めてくるでありましょう。時を移さず、温存していた味方の伏兵を使い、敵の後方を急襲し、戦車隊、騎兵隊が敵の左右を衝《つ》きます。敵勢がいかに多いといっても、敵将は敗走するでありましょう。

3

およそ戦法上もっとも肝要なことは、敵と対陣し、戦いに臨むときは、かならず武勇精鋭の士を選んで四陣に分け、前後左右から衝撃する四武衝陣の構えをとり、兵の動きやすいところを確保し、その次に戦車隊、騎兵隊を散開させ、変容に富んだ烏雲の陣形をとらせることであります。これが用兵の妙、戦法上の奇というものであります。いわゆる烏雲とは、鳥や雲のように分散したかと思うと次の瞬間には結集しているというように、限りなく変化してゆく陣形であります」

「よくわかった」

と、武王はいった。

第四十九　少衆（衆寡、敵せず）

1

　武王は太公望に尋ねた。

「少数の兵力で大軍を撃ち、弱い勢力で強敵を撃ち破りたいと思うとき、どんな方策があるだろう」

　太公望は答えた。

「少数の兵力で大軍を撃つには、かならず日暮れに草むらに潜ませ、敵兵を狭い路で要撃します。弱い勢力で強敵を撃ち破るには、かならず大国の同盟と隣国の援助とを得なければなりません」

2

武王が尋ねた。

「しかし、草むらもなく隘路《あいろ》もなく、敵はすでに布陣を終わっており、日没にも間があり、同盟関係の大国もなく、また隣国の援助も得られないというような場合、どうすればよいであろうか」

太公望は答えた。

「そのようなときには、わが兵力を誇張して見せつけておいて、敵を詐っておびき出し、敵将の錯覚をさそい、敵の進路を迂回させて、深草の繁茂した地点を通過させるように進撃路を伸ばし、日暮れに隘路にさしかかるように計画を立てます。

敵の先鋒がまだ河を渡り切らず、後列はまだ宿舎に到着しない時機を見はからって、わが伏兵を出動させ、機敏にその左右をたたき、戦車隊、騎兵隊がその前後を混乱させるなら、敵人がいかに多くとも、かならずやその将軍を敗走させることができるでありましょう。

また、日ごろから大国の君主に仕え、隣国の諸侯にはへり下り、贈物を手厚くし、言葉をていねいに、礼を尽しておくべきであります。そのようにしていれば、いざというときには大国の同意と隣国の援助とを得られるでありましょう」

「なるほど」

と、武王はいった。

第五十　分険（険阻の攻防）

1

武王が太公望に尋ねた。

「兵を率いて敵国諸侯の領土に深く進攻し、険阻で狭隘な地形のところで敵と遭遇し、わが軍は山を左に川を右にし、敵軍は山を右に川を左にし、両軍が険阻な地形を分けあって対陣したとき、わが軍は守っては堅固に、戦っては勝利を得たいと思うが、このような場合にはどのような方策があるのだろう」

太公望は答えた。

「山の左側に位置しているときには、すぐに山の右側に防備をかため、山の右側に陣取っているとすれば、すぐに山の左側に防備を固めるべきであります。険阻な地勢のところに大きな流れがあり、舟や楫《かじ》の用意のないときには、天潢《てんこう》（かけはし）を用いてわが軍を渡します。すでに渡り終えた者は、急いでわが軍の進路を広め、戦いに有利な地点を確保しなければなりません。武衝（戦車）の陣で前後を守り、強弩の兵を並べ、陣立てを堅固にします。交差点と谷の入口は戦車で遮断し、旗を高く掲げます。これを兵法で軍城（軍中の城）と言っております。

2

およそ険阻な山地での戦法は、戦車を前に備え、大きな櫓《やぐら》を用いて守りとし、精鋭の兵士と強弩隊とを軍の左右に置き、羽翼《たすけ》とします。三千人を一隊となし、一隊ごとにかならず四武衝陣（中軍を中心に前後左右に各一隊を配する）の備えを構え、有利な地点に兵士を配置し、左翼軍は左の敵を攻め、右翼軍は右の敵を撃ち、中軍は敵の中央を襲うというように、三軍が相呼応して同時に進撃するのであります。一度交戦した者は屯所に帰営して休息し、かわるがわるに交代して戦い、かつ休息して、勝利を収めるまで戦い続け、かならず勝利を手中にして、はじめて戦いは終わるのであります」

「よくわかった」

と、武王はいった。

第六巻　犬韜

第五十一　分合（分散集合作戦）

武王が太公望に尋ねた。

「王者が軍を帥《ひき》いて出征するにあたり、全軍を数か所に分散させるが、期日を定めて結集し、期日におくれなかった者を賞し、おくれた者を罰する誓約をしたいと思うのだが、どのようにしたらよいであろうか」

太公望は答えた。

「そもそも兵を用いるには、全軍の兵を分散したり集合させたりする臨機の処置がありますす。将軍は、まず、戦地と日時を定めた後、檄書《げきしょ》（ふれぶみ）を回し、もろもろの将校と期日を約束し、城を攻め村を包囲するにも、各人がどこに集合したらよいのか、いつ集合したらよいのか明示して、それを厳守させます。

戦いの日を告げるだけでなく、時刻をも定めます。将軍は陣営を設置し、目じるしのものを軍門にかかげ、道を清めさせて待ちます。将兵の到着を見守り、その先後を考えあわせ、期日より早くやって来た者には賞を与え、期日に遅れてやって来た者は斬罪にします。

このようにして、その集合の日時と場所とを厳守させれば、たとえどこに分散していても、遠近を問わず急ぎ集まり、全軍は揃って、ともに力を合わせ、全力で合戦することができるでありましょう」

第五十二　武鋒（精鋭奇襲作戦）

武王が太公望に尋ねた。

「そもそも戦いにはかならず戦車、驍騎《ぎょうき》（精騎）、馳陣《ちじん》（各隊間の交渉および応援のため陣中を東奔西走する騎兵隊）、選鋒《せんぽう》（勇武の士を選んで先鋒となす）などがあり、好機をつかむと攻撃をしかけるわけであるが、いったいどんな機会に攻撃に移ったらよいであろう」

太公望が答えた。

「攻撃しようと思うものは、まず敵の十四の変化を察知しなければなりません。十四のうちのどれか一つでも変化（隙）が見えたら、ただちに撃つべきです。敵軍はかならず敗走するでありましょう」

武王は尋ねた。

「その十四の変化（隙）ということについて聞きたいものである」

太公望は答えた。

「敵の兵士が新兵ばかりでまだ十分に隊伍を整えられないでいる場合や、兵士や軍馬が腹をすかしているときは撃つべき好機です。天候が不順で油断している場合、敵軍が地形に不案内で、地の利を得ていない場合、敵軍が慌しく、息切れしている場合は撃つべき好機です。警戒を忘れ、安心しきっている場合、疲労している場合は撃つべき好機です。

敵軍の将と兵卒とが離ればなれになっている場合や、長途の行軍をしてきた敵軍は休息のひまを与えず撃つべきです。敵軍が河を渡っているときも撃つべき好機であります。敵が非常に忙しくたち働いているときは撃つべき好機です。敵が険阻の地や難路を通過しているときは撃つべき好機です。行軍の隊列を乱しているときは撃つべき好機です。敵が恐怖におののいているときは撃つべき好機であります」

第五十三　練士（勇士の練成）

武王が太公望に尋ねた。

「優秀な兵士を選抜して錬成したいと思うが、どうしたらよいであろうか」

太公望が答えた。

「軍中に勇気と気力にすぐれ、死を恐れず、戦傷を名誉として楽しんでいられるほどの者があれば、集めて一隊を組織し、冒刃の士（斬り込み隊）と名づけます。鋭気あふれ気性が激しく勇壮強暴な者がいれば、集めて一隊を組織し、陥陣《かんじん》の士（敵陣を陥落させる兵士）と名づけます。容貌奇偉で長剣を帯び、武器を手に堂々攻撃に参加できる者がいれば、一隊を組織し、勇鋭の士と名づけます。脚力強く、鉄の鎖を断ち切り、敵陣の鐘や太鼓をたたきこわし、敵陣の軍旗を引き裂くような者がいれば、集めて一隊を組織し、勇力の士とよびます。

山を越えて谷を渡り、足軽やかによく走る者がいれば、集めて一隊を組織し、寇兵《こうへい》の士（敵陣奇襲の兵士）と名づけます。いまは落ちぶれていますが、もとは名門の出でふたたび手柄を立てたいと思っている者がいれば、集めて一隊を組織し、死闘の士（死にもの狂いの士）と名づけます。戦死した将校の子弟で、その父のために仇《あだ》をうちたいと思っている者がいれば、集めて一隊を組織し、死憤の士と名づけます。貧窮で不平に堪えず、発憤してなんとか出世の志を遂げたいと思う者がいれば、集めて一隊を組織し、必死の士（死をいとわない）と名づけます。

入り婿とか捕虜になった者で、その恥辱を挽回《ばんかい》したいと思っている者がいれば、集めて一隊を組織し、励鈍の士（魯鈍の性を励ます）と名づけます。囚徒や罪科を免《まぬが》れた者で、戦功を立てることによってその恥を逃れたいと願っている者がいれば、集めて一隊を組織し、幸用《こうよう》の士（雪辱するために用いられることを幸いとする）と呼びます。才能、技術が人並よりすぐれ、力も強く、重荷を背負って遠方にまで運ぶことのできる者がいれば、集めて一隊を組織し、待命の士と名づけます。

以上が士卒を選抜して軍隊を編制する方法でありますが、将たる者は、とにかく、士卒の才能と技術とを見抜かなければなりません」

第五十四　教戦（戦法の訓練）

武王が太公望に尋ねた。

「全軍のすべての士卒に戦法を習練させたいと思うが、どうすればよいであろう」

太公望は答えた。

「およそ軍隊を統率するには、かならず鐘と太鼓によって節制するのであります。鐘と太鼓とは、兵士を統制するためのものであります。将軍たるものは、かならずまずこのことを軍吏や士官に告げ、三度、反復して丁寧に教練します。そして兵器の操作法、挙措進退の作法、旗の種類やその見方、指揮の取り方などを周知徹底させます。

将校や兵士を教練するには、まず一人に戦法を学ばせ、その教練が身につけば、その者を中心に十人を一隊とします。そして、その十人が戦法を身につけると、その者たちを中心にして百人の一隊ができます。その百人が戦法を身につけると、千人の一隊ができ、千人が戦法を身につけると、その者を中心にして一万人の一隊を組織します。一万人の者が戦法を体得すれば、その者たちを三軍に組織します。この三軍が大戦の法を習練し終えると、百万の軍を組織します。このようにしてはじめて大兵の習練を成就させ、戦法を全軍の士卒に周知徹底させることができ、武威を天下に示すことができるのであります」

「なるほど」

と、武王はいった。

第五十五　均兵（兵力均分法）

1

武王が太公望に尋ねた。

「戦車を引率して歩兵と戦うとき、戦車一台の戦力は、歩兵何人に匹敵し、何人の歩兵が一台の戦車に相当するだろうか。騎兵を引率して歩兵と戦うとき、一騎は歩兵何人に相当し、歩兵の何人が一騎の力に対抗するであろうか。戦車隊と騎兵隊とが戦うとき、戦車一台は何騎の騎兵に相当し、何騎の騎兵が戦車一台に対抗しうるであろうか」

太公望が答えた。

「戦車は一軍の羽翼であります。敵の堅固な陣地を打ち破り、強敵を迎え撃ち、敗走する敵軍を遮断するのが目的であります。騎兵は一軍の伺候（敵のすきに乗じて攻撃すること）であります。敗軍を追撃し、兵糧の輸送路を断ち、攻めてくる敵軍を迎え撃つのが目的であります。ですから戦車も騎兵も、その特色を生かすことなく戦ったなら、一騎の力は歩兵一人の力にさえ当たらないことになるでありましょう。しかし全員が組織的に陣を構えて敵に向えば、平野での戦力は、戦車一台は歩兵八十人に匹敵し、八十人の歩兵が戦車一台に相当します。また一騎の戦力は歩兵八人に匹敵し、歩兵八人の戦力は一騎に相当します。戦車一台の戦力は十騎に匹敵し、十騎は戦車一台に相当します。

険阻な地での戦いでは、戦車一台は歩兵四十人に匹敵し、歩兵四十人の戦力が戦車一台に相当します。一騎の戦力は歩兵四人に匹敵し、歩兵四人の戦力が一騎に相当します。戦車一台の戦力は騎兵六騎に匹敵し、騎兵六騎の戦力は戦車一台に相当します。いったい戦車や騎兵は軍の武具に当るものであります。戦車十台は歩兵千人を破り、戦車百台は歩兵一万人を破ります。十騎の騎兵は歩兵百人を破り、百騎の騎兵は歩兵千人を敗走させることができるのであります。

これが、戦車、騎兵、歩兵の戦力についてのだいたいの概数であります」

2

武王が尋ねた。

「戦車、騎兵に配属する将校や下士官の人数とその布陣とは、どのようにしたらよいであろう」

太公望が答えた。

「戦車隊に配属する士官の人数は、五台に一人の長、十台に一人の軍吏、五十台に一人の率師《すいし》、百台に一人の将軍を置きます。平野での戦闘には、五台の戦車を一列にし、前後の間隔は四十歩、左右の間隔十歩、隊と隊との間隔を六十歩とします。

険阻な地での戦闘では、戦車はかならず道路を進み、十台を一聚《しゅう》（一群）とし、二十台を一屯《とん》（一団）とし、前後の間隔は二十歩、左右の間隔を六歩、隊と隊との間隔を三十六歩とします。五台ごとに一人の長を置き、縦と横との間隔が一里になるようにします。戦闘が終われば、それぞれもと通った道を慎重に引き返します。

騎兵隊に配属する士官の人数は、五騎に一人の長、十騎に一人の軍吏、百騎に一人の率師、二百騎に一人の将軍を置きます。平野での戦闘には、五騎を一列とし、前後の間隔二十歩、左右の間隔を四歩、隊と隊との間隔を五十歩とします。険阻な地での戦闘には、前後の間隔十歩、左右の間隔二歩、隊と隊との間隔を二十五歩というように布陣します。

そして三十騎を一屯（群）とし、六十騎を一輩（団）とし、十騎に一人の軍吏を置き、縦と横の間隔は百歩とします。戦闘が終わると、旋回運動をしながら、それぞれもとの場処にもどります」

「なるほど」

と、武王はうなずいた。

第五十六　武車士（車兵登用法）

武王が太公望に尋ねた。

「車士（戦車を操縦する兵士）を選ぶにはどうしたらよいであろう」

太公望が答えた。

「戦車の搭乗員を選ぶには、年齢は四十歳以下、身長七尺五寸以上で、奔馬に追いつくほどの脚力があり、追いついたらそのままひらりと馬に飛び乗り、前後左右、自在に乗りこなし、上下に跳躍させては旋回し、馬上で軍旗を押し立て、八百斤の強弓を引くだけの剛力を持ち、前後左右に射ることのできる技に習熟した者を採用すべきであります。これを武車の士と呼びますが、このような者は得がたいのでありますから、手厚く待遇しなければなりません」

第五十七　武騎士（騎兵登用法）

武王は太公望に尋ねた。

「騎士を選ぶにはどうすればよいのであろうか」

太公望が答えた。

「騎士を選ぶには、年齢は四十以下、身長七尺五寸以上で、心身壮健、動作敏捷、ともに衆人に抜きんでて、よく馬を御し、弓を彀《ひ》き、前後左右に旋回し、進退し、自在に塹壕を飛び越え、丘陵に登り、険阻な地形をものともせず、大きな沼沢を渡り、強力な敵陣に飛び込み、大軍を混乱におとしいれるようなものを採用するのであります。

彼らを武騎の士と呼びますが、まことに得がたい者たちなので、手厚く待遇しなければなりません」

第五十八　戦車（戦車戦法）

1

武王が太公望に尋ねた。

「戦車での戦法を知りたい」

太公望が答えた。

「歩兵の戦いには敵軍の変動を知ることが大切でありますが、戦車は地形を知ることが肝要なことになります。また、騎兵は、間道や思いがけぬ抜け道を知って、敵の予想外のところを奇襲することが肝要であります。歩兵、戦車、騎兵は、一括して三軍と呼ばれていますが、その用途はそれぞれ違っています。そもそも戦車の戦いには、十の死に至る地形と、八つの勝つべき地形とがあります」

2

武王が尋ねた。

「十死の地とは」

太公望が答える。

「進むことができても引き返すことのできない地形は、戦車の死地であります。険阻な地を乗り越えて敵を追撃して行き、そこから出られなくなってしまうようなところは竭地《けっち》といって死地であります。前方が平坦で、後方が険阻な地形は、戦車が進退できなく、困地といって、死地です。戦車が険阻なところに陥って、出ることのできなくなってしまう地を、絶地といって、戦車にとっての死地であります。

くずれかかった堤防や沼地、じめじめとした湿地で黒い粘土質の泥が車輪にねばりつく土地は、戦車が進退に苦労します。左側は険阻で右手は平坦、丘に登って坂を仰ぐような地形は、戦車にとって不適なところです。草が一面に生い茂った土地や深い沼沢地を無理に押し進むのは、戦車の機能にもとった地形に入るというものです。戦車の数が少なく、土地が平坦で、歩兵と対抗できない地形は、戦車が敗れる場所であります。後方に溝があり、左には深い川があり、右に険しい坂のある場所は、戦車が破壊される地であります。

一日中雨が降りつづき、それも十日以上も降りやまず、道路が陥没して、前進も後退もできないような場所は、戦車の陥地といって、戦車には不適な地形であります。

以上、取りあげた十の地形は、戦車にとっての敗死する場所であります。愚将はこれをさとらないために敵の捕虜となりますが、智将ならこれをうまく避けることができるのであります」

3

武王が尋ねた。

「それでは、八勝の地とはなにか」

太公望が答えた。

「敵軍がまだ整列しきれず、陣形がまだ定まらないときこそ、戦車で攻略する機であります。敵軍の軍旗が揺れ動き、乱れて、人馬が右往左往しているときこそ、即座に戦車で攻略する機であります。敵軍の兵卒がすすみすぎたり、遅れてしまったり、また左に行ったり右に行ったり、少しも落ち着きのないときこそ、ただちに攻略する機であります。

敵軍の陣容が堅固でなく、兵士がたがいに前後を見廻し、不安気なようすのときこそ、戦車で攻略する機であります。敵軍が前に往こうとしては疑惑し、後退しては恐怖しているようなときこそ、攻略すべき機であります。

敵の全軍が急に驚き、慌しく起ちあがり、浮き足立っているときこそ、戦車で攻略すべき機であります。平地で戦いながら、日暮れになっても休息しようとしないときこそ、攻略すべき機であります。遠征して日暮れになってやっと幕舎にもどり、急襲をおそれて落ち着きない敵こそ、ただちに戦車で攻略すべきであります。

以上、八か条が戦車で勝利を得る地であります。

将たる者は、以上の十害と八勝の理に明らかであれば、敵軍が千台の戦車、一万の騎兵で包囲したところで、戦車を自由自在に、前後左右に駆使して、かならずや勝利をわが手中にすることができるでありましょう」

「なるほど」

と、武王はいった。

第五十九　戦騎（騎兵戦法）

1

武王が太公望に尋ねた。

「騎兵の戦闘は、どのようにしたらよいだろう」

太公望が答えた。

「騎兵戦には、十の勝つべき戦法と、九つの敗れて当然の戦法とがあります」

武王は尋ねた。

「その十の戦法とは、どんなことであろう」

太公望は答えた。

「敵軍が戦場に到着したばかりで、まだ陣形がととのわず、前軍と後軍とがバラバラなとき、騎兵を放って、その前軍をたたき、左右から攻撃をすれば敵はかならず敗走するでありましょう。敵軍の陣形が整然として堅固であり、士卒も闘志があるときには、わが騎兵隊は左右両翼から挟撃して牽制し、ときどき、あるいは駆け抜け、あるいは駆け来たり、風のようにすばやく、雷のように激しく、白昼なお暗くなるように砂塵をまきあげ、しばしば軍旗を代え衣服を取り換え（敵に大軍と思いこませ脅威を感じさせ）て奇襲攻撃を繰り返せば、かならず勝利を収めることができるでありましょう。

敵の陣形が堅固でなく、兵士に闘志がないときには、前後から挟み撃ちにし、左右から襲いかかり、両側から挟撃すれば、敵軍はかならず懼れおののくことでありましょう。

敵軍が日暮れに営舎に帰ろうとし、全軍が追撃を恐れているときに、その両側を挟撃し、すばやく後軍を攻撃し、営塁の入口をおさえて逃げ込めないようにすれば、敵軍はかならず敗れるでありましょう。

敵軍が逃げ込むべき安全地帯もないのに深追いしてくるようなときには、彼らの兵糧輸送路を断ちます。敵軍はかならず飢えて潰えることでありましょう。

平坦な土地で視野が広く、四面どこからでも敵軍の陣容が見渡せる地形では、戦車と騎兵とを繰り出して攻撃をしかけます。敵軍は大混乱におちいるでありましょう。敵軍が敗走し、士卒が散り散りになっているときには、あるいは両翼を挟撃し、あるいはその前後を襲えば、敵将を捕虜にすることができます。

敵軍が日暮れて営舎に引き返すとき、その兵卒の数が多ければ多いほど、きっと陣形は乱れるものです。その機に乗じて、こちらの騎兵十人を一隊とし、おなじく百人を一団とし、戦車五台を一組とし、十台を一群とし、多くの旗を押し立てて気勢をあげ、弓隊をまじえ、両翼を撃ち、あるいはその前後を遮断すれば、敵将を生け捕りにできるでありましょう。以上が、騎兵の戦いで勝利を収めるための十の戦法であります」

2

武王が尋ねた。

「かならず避けなければならない九つの戦法とは、どのようなものだろう」

太公望が答えた。

「そもそも騎兵隊を投入して敵軍を破りながら、その陣形をくずすことができず、敵はいつわり敗走してわが軍をおびき寄せ、戦車隊と騎兵隊とがわが後尾を急襲して来る。これは騎兵の敗地というものであります。

敗走する敵軍を深追いして険阻な地を越え、どこまでも追って引き返すことを忘れたとき、それをねらって敵軍が両翼に伏兵を配し、わが軍の退路を遮断します。これを騎兵の囲地と云って避けなければならない戦いであります。

前進したが引き返せず、進入したが出られないという地形は、天の井戸に落ち、地獄の穴にまっさかさまという状態であり、騎兵の死地といって、避けなければならぬ戦いであります。

入口が狭く、出口が遠いような場所では、たとえどんなに敵兵が弱く、わが軍が強兵であるといっても、たとえ敵兵がすくなく、わが軍が多数といっても、戦えば敗けます。これを騎兵の没地といって、騎兵の戦いを避けなければならぬのであります。

大きい谷川、深い谷あい、繁茂した草むら、林などは、これを騎兵の竭地《けっち》といい、騎兵の戦いを避けなければなりません。

左右に河があり、前に大きい皐《おか》があり、後に高い山があって、わが軍は両河に挟《はさ》まれ、敵軍はその前後に展開している場合、これを騎兵の艱地《かんち》といって、騎兵の戦いを避けねばならぬところです。

敵軍がわが軍の兵糧輸送道を断ったために、進退きわまった場合、これを騎兵の困地といって、騎兵の戦いを避くべきであります。

低地で湿気の多い沼沢の地で、進路の思うにまかせないようなものを騎兵の患地といいます。左に深い溝があり、右には窪地や皐があり、高低のある地形にもかかわらず、平地のような気になって、進退し、敵に戦いをいどむのを、騎兵の陥地といいます。

以上、九つの場合を、騎兵の死地といいますが、明将が極力避けるところであります。けれど愚将はそれを避けることができず、敗北してしまう所以《ゆえん》の戦法であります」

第六十　戦歩（歩兵戦法）

1

武王が太公望に尋ねた。

「歩兵が戦車や騎兵と戦うには、どのようにすればよいであろうか」

太公望が答えた。

「歩兵が戦車や騎兵と戦うには、かならず丘陵や険阻の地を背にし、長槍隊、強弩隊を前に並べ、白兵隊や弱い弓を後方に配置させ、これらを交替に出動させ、交替に休息させます。敵の戦車、騎兵が大軍で押し寄せて来ても、陣を堅く守って、機敏に戦い、勇猛の士卒と強弩の兵を後方に備えておきます」

武王が尋ねた。

「わが軍には、背にすべき丘陵もなく、険阻な地もなく、敵兵は多数で精鋭であり、戦車隊、騎馬隊が両翼を挟撃し、前後から攻撃してくれば、わが全軍は恐怖し、列を乱して敗走するであろう。こんなときには、どうしたらよいであろう」

太公望は答えた。

「まず兵士に命じて、戦車、騎兵の突入を阻止するため、行馬（矢来）、木蒺藜《もくしつれい》（木びし）などの障害物を作り、牛馬を一まとめにし、四隊の衝陣を作ります。敵の戦車、騎馬の来襲する姿を望見したら、いっせいに障害物（蒺藜）を置き、地面を掘って、塹壕をめぐらし、幅と深さはそれぞれ五尺とします。これを命籠（いのちの籠《かご》）といいます。

次にさきに作らせた障害物（行馬）を兵士の一人一人に持たせて移動し、戦車の突入を防ぐ土塁の代用とします。それを押し立てては進んだり退いたりして、移動する仮塁とし、あるいは固定させて守塁とします。猛勇の士、剛弓の部隊を左右に配置し奇襲に備え、全軍を挙げて機敏に戦えば、かならずや敵の包囲を解くことができるでありましょう」

「なるほど」

と、武王はいった。

六韜　読下し文

文韜

第一　文師

1

文王、将《まさ》に田《かり》せんとす。史編、卜《ぼく》を布《し》きて曰《いわ》く、「渭陽《いよう》に田せば、将に大いに得るあらんとす。竜に非《あら》ず、彲《ち》に非ず、虎に非ず、羆《ひ》に非ず、兆《ちょう》、公侯を得たり。天、汝に師を遺《おく》り、之《これ》を以《もっ》て昌を佐《たす》け、施《ひ》きて三王に及ばん」

文王曰く、「兆、是《これ》を致すか」

史編曰く、「編の太祖史疇《しちゅう》、舜の為に占いて皐陶《こうよう》を得たり。兆、これに比す」

2

文王、乃《すなわ》ち斎《さい》すること三日、田車に乗り、田馬に駕《が》して、渭陽に田す。卒《つい》に太公の茅《ぼう》に坐《ざ》して以て漁するを見る。

文王、労《ねぎ》らいて之に問うて曰く、「子《し》、漁を楽しむや」

太公曰く、「君子は其《そ》の志を得るを楽しみ、小人は其の事を得るを楽しむ。今、吾《わ》が漁、甚《はなは》だ似たる有り」

文王曰く、「何をか其の似たる有りと謂《い》う」

太公曰く、「釣に三権有り、禄等以て権し、死等以て権し、官等以て権す。夫《そ》れ釣は以て得るを求むるなり。其の情深くして、以て大を観《み》るべし」

3

文王曰く、「願わくは其の情を聞かん」

太公曰く、「源深くして水流れ、水流れて魚これに生ずるは、情なり。根深くして木長く、木長くして実これに生ずるは、情なり。君子、情同じくして親合《しんごう》し、親合して事これに生ずるは、情なり。言語応対は、情の飾りなり。至情を言うは、事の極なり。今、臣、至情を言いて、諱《い》まず、君、其れこれを悪《にく》むか」

文王曰く、「唯《た》だ仁人《じんじん》、能《よ》く正諫《せいかん》を受けて、至情を悪まず。何すれぞ其れ然《しか》らん」

4

太公曰く、「緡微《いと》にして餌明かなれば、小魚これを食い、緡綢《ちゅう》にして餌香《かんば》しければ、中魚これを食い、緡隆んにして餌豊かなれば、大魚これを食う。夫れ魚は其の餌を食いて、乃ち緡に牽《ひ》かれ、人は其の禄を食《は》みて、乃ち君に服す。故に餌を以て魚を取れば、魚殺すべく、禄を以て人を取れば、人竭《つく》すべく、家を以て国を取れば、国抜くべく、国を以て天下を取れば、天下、畢《つく》すべし。

嗚呼《ああ》、曼曼緜緜《まんまんめんめん》たるも、其の聚必ず散ず。嘿嘿昧昧《もくもくまいまい》たるも、その光必ず遠し。微なるかな聖人の徳、誘乎《ゆうこ》として独り見る。楽しきかな聖人の慮、各々《おのおの》、其の次に帰して、斂《れん》を立つ」

5

文王曰く、「斂を立つること何若《いか》にして、天下、之に帰せん」

太公曰く、「天下は一人の天下に非ず、乃ち天下の天下なり。天下の利を同じくする者は、則《すなわ》ち天下を得、天下の利を擅《ほしいまま》にする者は、則ち天下を失う。

天に時有り、地に財有り。能く人と之を共にするは仁なり。仁の在る所は、天下、之に帰《き》す。

人の死を免がれしめ、人の難を解き、人の患《うれ》いを救い、人の急を済《すく》うは徳なり。徳の在る所は、天下、之に帰す。

人と憂《うれ》いを同じくし、楽しみを同じくし、好みを同じくして悪《にく》みを同じくするは義なり。義の在る所は、天下、之に赴く。

凡《およ》そ人は死を悪みて生を楽しみ、徳を好みて利に帰す。能く利を生ずる者は道なり。道の在る所は、天下、之に帰す」

文王、再拝して曰く、「允《まこと》なるかな。敢《あ》えて天の詔命を受けざらんや」

乃ち載せて与《とも》に倶《とも》に帰り、立てて師と為《な》す。

第二　盈虚《えいきょ》

1

文王、太公に問うて曰《いわ》く、「天下熙熙《きき》たり、一盈《えい》一虚、一治一乱、然《しか》る所以《ゆえん》の者は何ぞや。其《そ》れ君の賢不肖の等しからざるか。其れ天の時の変化の自然か」

太公曰く、「君、不肖なれば、則《すなわ》ち国危うくして民乱れ、君、賢聖なれば、則ち国安くして民治まる。禍福は君に在り、天の時に在らず」

2

文王曰く、「古《いにしえ》の聖賢、聞くを得べきか」

太公曰く、「昔は、帝尭《ぎょう》の天下に王たる、上世の所謂《いわゆる》賢君なり」

3

文王曰く、「其の治、如何《いかん》」

太公曰く、「帝尭の天下に王たりし時、金銀珠玉は飾らず、錦繡文綺《きんしゅうぶんき》は衣《き》ず、奇怪珍異は視《み》ず、玩好の器は宝とせず、淫佚《いんいつ》の楽は聴かず、宮垣屋室は堊《あく》せず、甍桷椽楹《ぼうかくてんえい》は斲《けず》らず、茅茨は庭に徧《あまね》けれども剪《き》らず。

4

鹿裘《ろくきゅう》、寒を禦《ふせ》ぎ、布衣、形を掩《おお》う。糲粱《れいりょう》の飯、藜藿《れいかく》の羹《あつもの》、役作の故を以《もっ》て、民の耕《こう》織《しょく》の時を害せず。心を削り志を約し、事に無為に従う。

吏の忠正にして法を奉ずる者は、其の位を尊くし、廉潔にして人を愛する者は、その禄を厚くす。民の孝慈有る者は、之《これ》を愛敬し、力を農桑に尽す者は、之を慰勉し、淑慝《しゅくとく》を旌別《せいべつ》して、其の門閭《もんりょ》に表わす。

心を平かにし、節を正しくし、法度を以て邪偽を禁じ、憎む所の者も、功有れば必ず賞し、愛する所の者も、罪有れば必ず罰す。天下の鰥寡《かんか》孤独を存養し、禍亡の家を賑贍《しんせん》す。其の自から奉ずるや甚《はなは》だ薄く、その賦役や甚だ寡《すくな》し。故に万民富楽にして、饑寒の色無く、百姓《ひゃくせい》、その君を戴くこと、日月の如《ごと》く、その君を親しむこと、父母の如し」

文王曰く、「大なるかな賢徳の君や」

第三　国務

1

文王、太公に問うて曰《いわ》く、「願わくは国を為《おさ》むるの大務を聞かん。主をして尊からしめ、人をして安からしめんと欲す。之《これ》を為《な》すこと奈何《いかん》」

太公曰く、「民を愛するのみ」

文王曰く、「民を愛するとは奈何」

太公曰く、「利して害する勿《な》かれ、成して敗る勿かれ、生かして殺す勿かれ、予《あた》えて奪う勿かれ、楽しませて苦しむる勿かれ、喜ばせて怒らす勿かれ」

2

文王曰く、「敢《あ》えて請う、其《そ》の故を釈《と》け」

太公曰く、「民、務めを失わざるは、則《すなわ》ち之を利すなり。農、時を失わざるは、則ち之を成すなり。罪なきを罰せざるは、則ち之を生かすなり。賦斂《ふれん》を薄くするは、則ち之に与うるなり。宮室台榭に倹するは、則ち之を楽しますなり。吏、清くして苛擾《かじょう》せざるは、則ち之を喜ばすなり。

民、その務めを失うは、則ち之を害するなり。農、その時を失うは、則ち之を敗るなり。罪無くして罰するは、則ち之を殺すなり。賦斂を重くするは、則ち之を奪うなり。多く宮室台榭を営み、以《もっ》て民力を疲らすは、則ち之を苦しむるなり。吏、濁りて苛擾するは、則ち之を怒らすなり。

故に善く国を為むる者は、民を馭《ぎょ》すること父母の子を愛するが如《ごと》く、兄の弟を愛するが如し。その饑寒を見れば、則ち之が為に憂え、其の労苦を見れば、則ち之が為に悲しむ。賞罰は身に加わるが如く、賦斂は己より取るが如し。此《こ》れ民を愛するの道なり」

第四　大礼

1

文王、太公に問うて曰《いわ》く、「君臣の礼は如何《いかん》」

太公曰く、「上と為《な》りては惟《た》だ臨み、下と為りては惟だ沈む。臨みて遠ざくること無く、沈みて隠すこと無し。上と為りては惟だ周《あまね》く、下と為りては惟だ定まる。周きは天に則《のっ》とるなり。定まるは地に則とるなり。或《あ》るいは天、或いは地にして、大礼乃《すなわ》ち成る」

文王曰く、「主の位は如何」

太公曰く、「安徐にして静かに、柔節にして先ず定まり、善く与えて争わず、心を虚しくし志を平かにし、物を待つに正しきを以《もっ》てす」

2

文王曰く、「主の聴《てい》は如何」

太公曰く、「妄《みだ》りに許す勿《な》かれ、逆《むか》えて拒《ふせ》ぐ勿かれ。之《これ》を許せば則《すなわ》ち守を失い、之を拒《ふせ》げば則ち閉塞す。高山は之を仰ぐとも、極《きわ》むべからざるなり。深淵は之を度《はか》るとも、測るべからざるなり。神明の徳、正静にして其《そ》れ極まれり」

文王曰く、「主の明は如何」

太公曰く、「目は明を貴び、耳は聡を貴び、心は智を貴ぶ。天下の目を以て視《み》れば、則ち見ざる無く、天下の耳を以て聴けば、則ち聞かざる無く、天下の心を以て慮《おもんばか》れば、則ち知らざる無きなり。輻輳《ふくそう》して並び進めば、則ち明、蔽《おお》われず」

第五　明伝

文王、疾《やま》いに寝て、太公望を召す。太子発、側に在り。

文王曰《いわ》く、「嗚呼《ああ》、天、将《まさ》に予《われ》を棄てんとす。周の社稷《しゃしょく》、将に以《もっ》て汝《なんじ》に属《しょく》せんとす。今、予、至道の言を師として、以て明かに之《これ》を子孫に伝えんと欲す」

太公曰く、「王、何の問う所ぞ」

文王曰く、「先聖の道、其《そ》の止《とど》まる所、其の起こる所、得て聞くべきか」

太公曰く、「善を見て怠り、時至りて疑い、非を知りて処《お》る、此《こ》の三者は、道の止まる所なり。柔にして静、恭にして敬、強にして弱、忍にして剛、此の四者は、道の起こる所なり。故に、義、欲に勝てば則《すなわ》ち昌《さか》え、欲、義に勝てば則ち亡ぶ。敬、怠に勝てば則ち吉、怠、敬に勝てば則ち滅ぶ」

第六　六守

1

文王、太公に問うて曰《いわ》く、「国に君たり、民に主たる者、其《そ》の之《これ》を失う所以《ゆえん》の者は何ぞや」

太公曰く、「与《とも》にする所を謹まざればなり。人君に、六守、三宝有り」

文王曰く、「六守とは何ぞや」

太公曰く、「一に曰く仁、二に曰く義、三に曰く忠、四に曰く信、五に曰く勇、六に曰く謀、是《これ》を六守と謂《い》う」

2

文王曰く、「謹しんで六守を択《えら》ぶとは何ぞ」

太公曰く、「之を富まして、其の犯す無きを観《み》、之を貴くして、其の驕《おご》る無きを観、之に付して其の転ずる無きを観、之を使いて、其の隠す無きを観、之を危うくして、其の恐《おそ》るる無きを観、之に事して、その窮する無きを観る。之を富まして犯さざる者は仁なり。之を貴くして驕らざる者は義なり。之に付して転ぜざる者は忠なり。之を使いて隠さざる者は信なり。之を危うくして恐れざる者は勇なり。之に事して窮せざる者は謀なり。人君は三宝を以《もっ》て人に借《か》す無かれ。人に借せば則《すなわ》ち君、其の威を失う」

3

文王曰く、「敢《あ》えて三宝を問う」

太公曰く、「大農・大工・大商、之を三宝と謂う。農、其の郷に一なれば、則ち穀《こく》足り、工、其の郷に一なれば、則《すなわ》ち器足り、商、其の郷に一なれば、則ち貨足る。三宝、各々《おのおの》その処《ところ》を安んずれば、民乃《すなわ》ち慮《おもんぱか》らず、其の郷を乱す無く、その族を乱す無し。

臣は君よりも富ます無かれ、都は国よりも大ならしむる無かれ。六守、長ずれば、則ち君、昌《さか》え、三宝、全《まった》ければ、則ち国、安し」

第七　守土

1

文王、太公に問うて曰《いわ》く、「土を守る奈何《いかん》」

太公曰く、「其《そ》の親を疏《うと》んずる無かれ。其の衆を怠《あなど》る無かれ。その左右を撫《ぶ》し、其の四《し》旁《ぼう》を御して、人に国柄《こくへい》を借す無かれ。人に国柄を借せば、則《すなわ》ち其の権を失う。壑《たに》を掘りて丘に附くる無かれ。本を舎《す》てて末を治むる無かれ。

日中には必ず彗《さら》し、刀を操《と》れば必ず割《さ》き、斧を執《と》れば必ず伐《う》て。日中に彗さざる、是《これ》を時を失うと謂《い》い、刀を操りて割かざれば、利の期を失い、斧を執りて伐たざれば、賊人、将に来たらんとす。涓涓《けんけん》たるに塞《ふさ》がざれば、将《まさ》に江河と為《な》らんとす。熒熒《けいけい》たるに救わざれば、炎炎たるを奈何にせん。両葉にして去らざれば、将に斧柯《ふか》を用いんとす。

是《こ》の故に、人君、必ず事に富に従う。富まざれば、以《もっ》て仁を為《な》す無く、施さざれば以て親《しん》を合する無し。其の親を疏んずれば則ち害有り、其の衆を失えば則ち敗る。人に利器を借す無かれ。人に利器を借さば、則ち人の為に害せられて、其の世を終えず」

2

文王曰く、「何をか仁義と謂《い》う」

太公曰く、「其の衆を敬し、其の親を合す。其の衆を敬すれば則ち和し、其の親を合すれば則ち喜ぶ。是を仁義の紀と謂う。人をして汝《なんじ》の威を奪わしむる無かれ。其の明に因《よ》り、其の常に順《したが》う。順う者は之《これ》に任ずるに徳を以てし、逆《さから》う者は之を絶つに力を以てす。之を敬して疑う勿《な》かれ、天下和服せん」

第八　守国

1

文王、太公に問うて曰《いわ》く、「国を守ること奈何《いかん》」

太公曰く、「斎《さい》せよ。将《まさ》に君に天地の経、四時の生ずる所、仁聖の道、民機の情を言わんとす」

王、斎すること七日、北面再拝して之《これ》を問う。

2

太公曰く、「天、四時《しいじ》を生じ、地、万物を生ず。天下に民有り、聖人、之を牧す。故に春の道は生じて、万物栄え、夏の道は長じて、万物成り、秋の道は斂《おさ》めて、万物盈《み》ち、冬の道は蔵して、万物静かなり。盈つれば則ち蔵し、蔵すれば則ち復《ま》た起こり、終る所を知る無く、始まる所を知る莫《な》し。聖人、之に配して、以て天地の経紀を為《な》す。故に天下治まれば、仁聖蔵《かく》れ、天下乱るれば、仁聖昌《さか》んなり。至道、其《そ》れ然《しか》るなり。聖人の天地の間に在るや、其の宝、固《もと》より大なり。其の常に因りて之を視《み》れば、則ち民安し。夫《そ》れ民動きて機を為し、機動いて得失争う。

故に之を発するに其の陰を以《もっ》てし、之を会するに其の陽を以てす。之が為に先ず唱えて、天下之に和す。極まれば其の常に反《かえ》り、進んで争うこと莫く、退きて遜《ゆず》ること莫し。国を守ること此《かく》の如《ごと》くなれば、天地と光を同じくす」

第九　上賢《しょうけん》

1

文王、太公に問うて曰《いわ》く、「人に王たる者は、何を上とし何を下とし、何を取り何を去り、何を禁じ何を止《とど》めん」

太公曰く、「賢を上とし不肖《ふしょう》を下とし、誠信を取り、詐偽《さぎ》を去り、暴乱を禁じ、奢侈《しゃし》を止む。故に人に王たる者に、六賊、七害有り」

2

文王曰く、「願わくは其《そ》の道を聞かん」

太公曰く、「夫《そ》れ六賊とは、一に曰く、臣、大いに宮室池榭《しゃ》を作りて、遊観倡《しょう》楽《がく》する者有れば、王の徳を傷《やぶ》る。

二に曰く、民、農桑を事とせず、気に任せて游俠《ゆうきょう》し、法禁を犯歴し、吏の教えに従わざる者有れば、王の化を傷る。

三に曰く、臣、朋党を結び、賢智を蔽《おお》い、主の明を障《ふさ》ぐ者有れば、王の権を傷る。

四に曰く、士、志を抗《あ》げ節を高くして以《もっ》て気勢を為《な》し、外、諸侯に交わりて、其の主を重んぜざる者有れば、王の威を傷る。

五に曰く、臣、爵位を軽んじ、有司を賤《いや》しみ、上の為に難を犯すを羞《は》ずる者有れば、功臣の労を傷る。

六に曰く、強宗、侵奪し、貧弱を陵侮《りょうぶ》すれば、庶人の業を傷る。

3

七害とは、一に曰く、智略権謀無くして、賞を重くし、爵を尊くす。故に強勇にして戦いを軽んじ、外に僥倖《ぎょうこう》す。王者、謹んで将と為《な》らしむる勿《な》かれ。

二に曰く、名有りて実無く、出入、異言し、善を掩《おお》い悪を揚《あ》げ、進退、巧を為す。王者、謹んで与《とも》に謀る勿かれ。

三に曰く、其の身躬《しんきゅう》を朴《ぼく》にし、其の衣服を悪しくし、無為を語りて以て名を求め、無欲を言いて以て利を求むるは、此れ偽人なり。王者、謹んで近づくる勿かれ。

四に曰く、其の冠帯を奇にし、其の衣服を偉にし、博聞弁辞、虚論高議して、以て容美を為し、窮居静処して、時俗を誹《そし》るは、此れ姦人なり。王者、謹んで寵《ちょう》する勿かれ。

五に曰く、讒佞苟《ざんねいいやし》くも得て、以て官爵を求め、果敢、死を軽んじて、以て禄秩を貪《むさぼ》り、大事を図らず、利を貪りて動き、高談虚論を以て、人主に説く。王者、謹んで使う勿かれ。

六に曰く、彫文刻鏤《ちょうぶんこくろう》、技巧華飾を為して、農事を傷る。王者、必ず禁ぜよ。

七に曰く、偽方異技、巫蠱《ふこ》左道、不祥の言、良民を幻惑す。王者、必ず之《これ》を止めよ。

4

故に民、力を尽さざるは、吾《わ》が民に非《あら》ざるなり。士、誠信ならざるは、吾が士に非ざるなり。臣、忠諫《ちゅうかん》ならざるは、吾が臣に非ざるなり。吏、平潔にして人を愛せざるは、吾が吏に非ざるなり。相《しょう》、国を富まし兵を強くし、陰陽を調和して、以て万乗の主を安んじ、群臣を正し、名実を定め、賞罰を明かにし、万民を楽しましむる能《あた》わざるは、吾が相に非ざるなり。

夫れ王者の道は、竜首の如《ごと》し。高く居て遠く望み、深く視《み》て審《つまび》らかに聴く。其の形を示して、その情を隠し、天の高くして極むべからざる若《ごと》く、淵の深くして測るべからざる若し。故に怒るべくして怒らざれば、姦臣乃《すなわ》ち作《おこ》り、殺すべくして殺さざれば、大賊乃ち発す。兵勢、行わざれば、敵国乃ち強し」

文王曰く、「善いかな」

第十　挙賢

1

文王、太公に問うて曰《いわ》く、「君、務めて賢を挙げて、而《しか》も其《そ》の功を獲る能《あた》わず、世の乱るること愈々甚《いよいよはなはだ》しく、以《もっ》て危亡に至るは何ぞや」

太公曰く、「賢を挙ぐるも用いざるは、是《こ》れ賢を挙ぐるの名有り、而も賢を用うるの実無きなり」

文王曰く、「其の失、安《いず》くにか在る」

太公曰く、「其の失は、君、世俗の誉むる所を用うるを好みて、而も其の賢を得ざるに在り」

2

文王曰く、「何如《いかん》」

太公曰く、「君、世俗の誉むる所の者を以て賢と為《な》し、世俗の毀《そし》る所の者を以て不肖と為せば、則《すなわ》ち党多き者は進み、党少き者は退く。是の若《かく》くなれ《ごと》ば、則ち群邪比周して賢を蔽《おお》い、忠臣は罪無きに死し、姦臣は虚誉を以て爵位を取る。是《これ》を以て世の乱るる愈々甚しければ、則ち国は危亡を免れず」

文王曰く、「賢を挙ぐることは奈何《いかん》」

太公曰く、「将相、職を分ちて、各々《おのおの》官名を以て人を挙げ、名を按《あん》じ実を督し、才を選び能を考え、実は其の名に当り、名はその実に当らしむれば、則ち賢を挙ぐるの道を得るなり」

第十一　賞罰

文王、太公に問うて曰《いわ》く、「賞は勧を存する所以《ゆえん》にして、罰は懲を示す所以なり。吾《わ》れ、一を賞して以《もっ》て百を勧め、一を罰して以て衆を懲《こ》らさんと欲す、之《これ》を為《な》すは奈何《いかん》」

太公曰く、「凡《およ》そ賞を用うる者は信を貴び、罰を用うる者は必を貴ぶ。賞信、罰必、耳目の聞見する所に於《お》いてすれば、則《すなわ》ち聞見せざる所の者も、陰化せざるは莫《な》し。夫《そ》れ誠は、天地に暢《の》び、神明に通ず。而《しか》るを況《いわ》んや人に於いてをや」

第十二　兵道

1

武王、太公に問うて曰《いわ》く、「兵道は何如《いかん》」

太公曰く、「凡《およ》そ兵の道は一に過ぎたるは莫《な》し。一なる者は能《よ》く独り往《ゆ》き独り来たる。黄帝曰く、『一は道に階《よ》り、神に幾《ちか》し』と。之《これ》を用うるは機に在り、之を顕《あら》わすは勢いに在り、之を成すは君に在り。故に聖王は兵を号して凶器と為《な》し、已《や》むを得ずして之を用う。

今、商王は存を知りて亡を知らず、楽しみを知りて殃《わざわい》を知らず。夫《そ》れ存は存するに非《あら》ず、亡を慮《おもんばか》るに在り。楽しむは楽しむに非ず、殃を慮るに在り。

今、王、已《すで》に其《そ》の源を慮る、豈《あ》に其の流れを憂えんや」

2

武王曰く、「両軍相い遇《あ》い、彼も来るべからず、此《これ》も往くべからず、各々《おのおの》固く備えを設けて、未《いま》だ敢《あ》えて先ず発せず。我れ之を襲わんと欲して、其の利を得ず、之を為すこと奈何《いかん》」

太公曰く、「外乱れて内整い、饑《き》を示して実は飽《あ》き、内精にして外鈍《にぶ》く、一たびは合い、一たびは離れ、一たびは聚《あつま》り一たびは散じ、その謀を陰《かく》し、その機を密にし、其の塁を高くし、其の鋭士を伏せ、寂《せき》として声無きが若《ごと》くせよ。敵、我が備うる所を知らず。其の西を欲せば、其の東を襲え」

武王曰く、「敵、我が情を知り、我が謀に通ぜば、之を為すこと奈何」

太公曰く、「兵勝の術は、密《ひそか》に敵人の機を察して、速《すみ》やかに其の利に乗じ、復《ま》た疾《と》く其の不意を撃つにあり」

武韜

第十三　発啓

1

文王、豐《ほう》に在り、太公を召して曰《いわ》く、「嗚呼《ああ》、商王の虐極まりて、辜《つみ》あらざるを罪殺す。公尚、予《われ》を助けて、民を憂うることは如何《いかん》」

太公曰く、「王、其《そ》れ徳を修めて、以《もっ》て賢に下り、民を恵みて、以て天道を観《み》よ。天道、殃《わざわい》無ければ、先ず倡《とな》うべからず。人道、災無ければ、先ず謀るべからず。必ず天の殃を見、又、人の災を見て、乃《すなわ》ち以て謀るべし。

必ず其の陽を見、又、其の陰を見て、乃ち其の心を知る。必ず其の外を見、又、其の内を見て、乃ち其の意を知る。必ず其の疏《そ》を見、又、其の親を見て、乃ち其の情を知る。

其の道を行けば、道、致すべきなり。其の門に従えば、門、入るべきなり。其の礼を立つれば、礼、成るべきなり。其の強を争えば、強、勝つべきなり。全勝は闘わず、大兵は創《きず》つくこと無し。鬼神と通ず、微なるかな、微なるかな。

2

人と同病相救い、同情相成し、同悪相助け、同好相趨《おもむ》く。故に甲兵無くして勝ち、衝機無くして攻め、溝塹《こうざん》無くして守る。

大智は智ならず、大謀は謀らず。大勇は勇ならず、大利は利ならず。天下を利する者は、天下之《これ》を啓《ひら》き、天下を害する者は、天下之を閉づ。天下は、一人の天下に非《あら》ず、乃ち天下の天下なり。

天下を取る者は、野獣を逐《お》う若《ごと》し。天下、皆、肉を分つの心有り、舟を同じくして済《わた》る如《ごと》し。済らば則《すなわ》ち皆其の利を同じくし、敗るれば則ち皆其の害を同じくす。然《しか》れば則ち皆以て之を啓《ひら》く有りて、以て之を閉づる有る無きなり。

3

民に取る無き者は、民を取る者なり。民に取る無き者は、民、之を利す。国に取る無き者は、国、之を利す。天下に取る無き者は、天下、之を利す。故に道は見るべからざるに在り、事は聞くべからざるに在り、勝ちは知るべからざるに在り。微なるかな、微なるかな。

鷙鳥《しちょう》、将に撃たんとすれば、卑《ひく》く飛びて翼を斂《おさ》め、猛獣、将に搏《う》たんとすれば、耳を弭《すぼ》めて俯伏す。聖人、将に動かんとすれば、必ず愚色有り。

4

今、彼の有商、衆口相惑わし、紛々渺々《ふんぷんびょうびょう》として、色を好むこと極《きわま》り無し。此《こ》れ亡国の証なり。

吾《わ》れ其の野を観れば、草菅、穀に勝つ。吾れ其の衆を観れば、邪曲、直に勝つ。吾れ其の吏を観れば、暴虐、残賊し、法を敗り刑を乱して、上下《しょうか》、覚《さと》らず。此れ亡国の時なり。

大明、発して万物皆照らされ、大義、発して万物皆利せられ、大兵、発して万物皆服す。大なるかな聖人の徳。独り聞き独り見る、楽しきかな」

第十四　文啓

1

文王、太公に問うて曰《いわ》く、「聖人、何をか守る」

太公曰く、「何をか憂え、何をか嗇《おし》まん、万物皆得。何をか嗇み、何をか憂えん、万物皆遒《あつ》まる。政の施す所、其《そ》の化を知る莫《な》く、時の在る所、其の移るを知る莫し。聖人此《こ》れを守りて、万物化す、何の窮まりか之あらん、終りて復《ま》た始まる。

2

優にして之《これ》を游《ゆう》し、展転して之を求む。求めて之を得れば、蔵せざるべからず。既に以《もっ》て之を蔵す、行わざるべからず。既に以て之を行う、復た之を明かにする勿《な》かれ。

夫《そ》れ天地は自ら明かにせず。故に能《よ》く長生す。聖人は自ら明かにせず。故に能く名彰《あら》わる。

古《いにしえ》の聖人は、人を聚《あつ》めて家を為《な》し、家を聚めて国を為し、国を聚めて天下を為し、賢人を分封《ぶんぽう》して、以て万国を為す。之を命《なづ》けて『大紀』と曰《い》う。

其の政教を陳《の》べ、其の民俗に順《したが》いて、群曲、直に化し、形容を変ず。万国、通ぜざれども、各々《おのおの》其の所を楽しみ、人、其の上を愛す。之を命けて『大定』と曰う。

3

嗚呼《ああ》、聖人は務めて之を静かにし、賢人は務めて之を正しくす。愚人は正しくする能《あた》わず、故に人と争う。上労すれば則《すなわ》ち刑繁《しげ》く、刑繁ければ即ち民憂え、民憂えば即ち流亡し、上下、其の生を安んぜず、累世、休まず。之を命けて『大失』と曰う。

天下の人は流水の如《ごと》し。之を障《ふさ》げば則ち止まり、之を啓《ひら》けば則ち行き、之を静かにすれば則ち清む。嗚呼、神なるかな、聖人は其の始めを見れば、則ち其の終りを知る」

4

文王曰く、「之を静かにするは奈何《いかん》」

太公曰く、「天に常形有り、民に常生有り。天下と其の生を共にすれば、天下静かなり。太上は之に因《よ》り、其の次は之に化す。夫れ民、化して政に従う。是《ここ》を以て天は為すこと無くして事を成し、民は与うること無くして自から富む。此れ聖人の徳なり」

文王曰く、「公の言、乃《すなわ》ち予が懐《おも》いに協《かな》えり。夙夜《しゅくや》に之を念《おも》いて忘れず、以て用いて常と為さん」

第十五　文伐

1

文王、太公に問うて曰《いわ》く、「文伐の法は奈何《いかん》」

太公曰く、「凡《およ》そ文伐に十二節あり。一に曰く、其《そ》の喜ぶ所に因りて、以《もっ》て其の志に順《したが》わば、彼、将《まさ》に驕《おごり》を生じて、必ず奸事有らんとす。苟《いやし》くも能《よ》く之《これ》に因らば、必ず能く之を去らん。

二に曰く、其の愛する所を親しみて、以て其の威を分《わか》て。一人両心ならば、其の中必ず衰えん。廷に忠臣なければ、社稷《しゃしょく》必ず危うからん。

三に曰く、陰《ひそか》に左右に賂《まいな》いて、情を得ること甚《はなは》だ深からば、身は内にして情は外にし、国、将に害を生ぜんとす。

四に曰く、其の淫楽を輔《たす》けて、以て其の志を広くし、厚く珠玉を賂い、娯《たのし》ましむるに美人を以てし、辞を卑《ひく》くして委《くわ》しく聴き、命に順いて合せよ。彼、将に争わずして、奸節乃《すなわ》ち定まらんとす。

2

五に曰く、其の忠臣を厳にして、其の賂いを薄くし、其の使を稽留《けいりゅう》して、其の事を聴く勿《な》かれ。亟《すみや》かに代りを置くことを為《な》さしめ、遺《おく》るに誠事を以てし、親しみて之を信ぜば、其の君、将《まさ》に復《ま》た之に合わんとす。苟《いやし》くも能く之を厳にせば、国乃ち謀るべし。

六に曰く、其の内を収め、其の外を間《へだ》て、才臣、外に相《たす》け、敵国、内に侵さば、国、亡びざる鮮《すくな》からん。

七に曰く、其の心を錮《こ》せんと欲せば、必ず厚く之に賂い、其の左右の忠愛を収めて、陰に示すに利を以てし、之をして業を軽んじ、蓄積を空虚ならしめん。

八に曰く、賂うに重宝を以てし、因りて之と謀り、謀りて之を利す。之を利せば必ず信ぜん、是《これ》を重親《ちょうしん》と謂《い》う。重親の積《し》は、必ず我が用を為さん。国を有《たも》ちて外にすれば、其の地必ず敗れん。

3

九に曰く、之を尊ぶに名を以てし、其の身を難《なや》ますなく、示すに大勢を以てし、之に従わば必ず信ぜん。其の大尊を致し、先ず之が栄を為して、微《ひそか》に聖人を飾れば、国乃ち大に偸《おこた》らん。

十に曰く、之に下るに必ず信ありて、以て其の情を得、意を承け事に応じて、与《とも》に生を同じくするが若《ごと》くし、既に以て之を得ば、乃ち微《ひそか》に之を収めよ。時、将に至らんとするに及びて、天の之を喪《ほろぼ》すが若し。

十一に曰く、之を塞《ふさ》ぐに道を以てす。人臣の貴と富とを重んじ、危と咎《きゅう》とを悪《にく》まざるは無し。陰《ひそか》に大尊を示して、微に重宝を輸《いた》し、其の豪傑を収め、内に積甚だ厚くして、外には乏しきを為し、陰に智士を内《い》れて、其の計を図らしめ、勇士を内れて、其の気を高くせしむ。富貴甚だ足りて、常に繁滋有れば、徒党已《すで》に具《そな》わる。是、之を『塞《ふさ》ぐ』と謂う。国を有《たも》ちて塞がるれば、安《いず》くんぞ能く国を有《たも》たん。

十二に曰く、其の乱臣を養いて、以て之を迷わし、美女淫声を進めて、以て之を惑わし、良き犬馬を遺りて、以て之を労《つか》らす。時に大勢を与えて、以て之を誘い、上《かみ》察して天下とともに之を図る。

十二節備わりて、乃ち武事を成す。所謂《いわゆる》上は天を察し、下は地を察し、徴已に見《あら》われて、乃ち之を伐《う》つ」

第十六　順啓

1

文王、太公に問うて曰《いわ》く、「何如《いか》にして以《もっ》て天下を為《おさ》むべき」

太公曰く、「大、天下を蓋《おお》いて、然《しか》る後に能《よ》く天下を容《い》る。信、天下を蓋いて、然る後に能く天下を約す。仁、天下を蓋いて、然る後に能く天下を懐《なつ》く。恩、天下を蓋いて、然る後に能く天下を保つ。権、天下を蓋いて、然る後に能く天下を失わず。事ありて疑わざれば、即ち天運も移す能《あた》わず、時変も遷《うつ》す能わず。此《こ》の六つの者備わりて、然る後に以て天下の政を為《な》すべし。

2

故に天下を利する者は、天下之《これ》を啓《ひら》き、天下を害する者は、天下之を閉づ。天下を生かす者は、天下之を徳とし、天下を殺す者は、天下之を賊とす。天下を徹する者は、天下之を通じ、天下を窮する者は、天下之を仇《あだ》とす。天下を安んずる者は、天下之を恃《たの》み、天下を危くする者は、天下之を災とす。天下は一人の天下にあらず。唯《た》だ有道者のみ之に処《お》る」

第十七　三疑

1

武王、太公に問うて曰《いわ》く、「予《われ》、功を立てんと欲するに、三つの疑い有り、力の能《あた》わざるを恐る。強を攻め、親を離し、衆を散ずること、之《これ》を為《な》すこと奈何《いかん》」

太公曰く、「之に因《よ》り、謀を慎み、財を用いよ。夫《そ》れ強を攻むるは、必ず之を養いて強からしめ、之を益して張らしむ。太《はなは》だ強ければ必ず折れ、太だ張れば必ず欠く。故に強を攻むるは強を以《もっ》てし、親を離すは親を以てし、衆を散ずるは衆を以てす。

2

凡《およ》そ謀の道は、周密を宝と為す。之を設くるに事を以てし、之を玩《もてあそ》ぶに利を以てすれば、争心必ず起こる。
其《そ》の親を離さんと欲すれば、其の愛する所と、其の寵人《ちょうじん》とに因りて、之に欲する所を与え、之に利する所を示し、因りて以て之を疎《うと》んじて、志を得しむる無かれ。彼、利を貪《むさぼ》りて甚《はなは》だ喜べば、疑いを遺《のこ》して乃《すなわ》ち止《や》む。

3

凡そ攻むる道は、必ず先ず其の明を塞《ふさ》いで、而《しこう》して後に其の強を攻め、其の大を毀《こぼ》ちて、民の害を除く。之を淫するに色を以てし、之を啗《くら》わすに利を以てし、之を養うに味を以てし、之を娯《たのし》ましむるに楽《がく》を以てす。既に其の親を離し、必ず民を遠ざけしめて、謀を知らしむる勿《な》かれ。扶《たす》けて之を納《い》れ、其の意を覚《さと》らしむる莫《な》かれ。然《しか》る後に成るべし。

4

民に恵施して、必ず財を愛《おし》むこと無かれ。民は牛馬の如《ごと》し。数々《しばしば》之を餧食《いし》し、従って之を愛せよ。心は以て智を啓《ひら》き、智は以て財を啓き、財は以て衆を啓き、衆は以て賢を啓く。賢の啓く有りて、以て天下に王たり」

竜韜

第十八　王翼

1

武王、太公に問うて曰《いわ》く、「王者、師を帥《ひき》いるに、必ず股肱羽翼《ここううよく》有りて、以《もっ》て威神を成す。之《これ》を為《な》すこと奈何《いかん》」

太公曰く、「凡《およ》そ兵を挙げ師を帥いるには、将を以て命と為す。命は通達に在り。一術を守らず、能に因りて職を授け、各々《おのおの》長ずる所を取り、時に随《したが》い変化して、以て綱紀と為す。

故に将に股肱羽翼七十二人有りて、以て天道に応ず。数を備うること法の如《ごと》くし、審《つまび》らかに命理を知り、殊能異技、万事畢《つ》く」

2

武王曰く、「請う其《そ》の目を問わん」

太公曰く、「腹心一人、謀を賛《たす》け、卒に応じ、天を揆《はか》り、変を消し、計謀を総攬《そうらん》し、民命を保全するを主《つかさ》どる。

謀士五人、安危を図り、未萌を慮《おもんぱか》り、行能を論じ、賞罰を明かにし、官位を授け、嫌疑を決し、可否を定むるを主どる。

天文三人、星暦を司《つかさ》どり、風気を候《うかが》い、時日を推し、符験を考え、災異を校《はか》りて、天心去就の機を知ることを主どる。

地利三人、軍の行止《こうし》の形勢、利害の消息、遠近、険易、水涸《すいこ》、山阻《さんそ》、地の利を失わざるを主どる。

3

兵法九人、異同を講論し、成敗を行事し、兵器を簡練し、非法を刺挙するを主どる。

通糧四人、飲食を度《はか》り、蓄積《ちくし》を備え、糧道を通じ、五穀を致して、三軍をして困乏せざらしむるを主どる。

奮威四人、才力を択《えら》び、兵革を論じ、風馳電掣《ふうちでんせい》、由《よ》る所を知らざらしむるを主どる。

伏旗鼓《ふくきこ》三人、旗鼓を伏せ、耳目を明かにし、符印を詭《いつわ》り、号令を謬《いつわ》り、闇忽《あんこつ》として往来し、出入、神の若《ごと》くならしむるを主どる。

4

股肱《ここう》四人、重きに任じ、難《かた》きを持《じ》し、溝塹《こうざん》を修め、壁塁を治めて、以て守禦《しゅぎょ》に備うるを主どる。

通才二人、遺を拾い、過ちを補い、賓客に応偶し、議論、談語して、患《うれ》いを消し、結ばれを解くを主どる。

権士三人、奇譎《きけつ》を行い、殊異を設け、人の識る所に非《あら》ずして、無窮の変を行うを主どる。

耳目七人、往来して言うを聴き、変を視《み》、四方の事、軍中の情を覧《み》るを主どる。

爪牙《そうが》五人、威武を揚げ、三軍を激励して、難を冒し、鋭を攻めて、疑慮する所無からしむるを主どる。

羽翼四人、名誉を揚げ、遠方を震《ふる》わし、四境を動かして、以て敵の心を弱くするを主どる。

遊士八人、姦《かん》を伺い、変を候《うかが》い、人情を開闔《かいこう》し、敵の意を観《み》て、間諜《かんちょう》を為すを主どる。

術士二人、譎詐《けっさ》を為し、鬼神に依託して、以て衆の心を惑わすを主どる。

方士三人、百薬を以て金瘡《そう》を治め、以て万病を痊《いや》すを主どる。

法算二人、三軍の営塁、糧食、財用の出入を会計するを主どる」

第十九　論将

1

武王、太公に問うて曰《いわ》く、「将を論ずるの道は奈何《いかん》」

太公曰く、「将に五材、十過有り」

武王曰く、「敢《あえ》て其《そ》の目を問う」

太公曰く、「所謂《いわゆる》五材とは、勇・智・仁・信・忠なり。勇なれば則《すなわ》ち犯すべからず、智なれば則ち乱すべからず、仁なれば則ち人を愛し、信なれば則ち欺《あざむ》かず、忠なれば二心無し。

2

所謂十過とは、勇にして死を軽んずる者有り、急にして心速かなる者有り、貪りて利を好む者有り、仁にして人に忍びざる者有り、智にして心怯《きょう》なる者有り、信にして喜んで人を信ずる者有り、廉潔にして人を愛せざる者有り、智にして心緩なる者有り、剛毅にして自ら用うる者有り、懦《だ》にして喜んで人に任ずる者有り。

3

勇にして死を軽んずる者は、暴すべきなり。急にして心速かなる者は、久しくすべきなり。貪り利を好む者は、賂《まいな》うべきなり。仁にして人に忍びざる者は、労すべきなり。智にして心怯なる者は、窘《くるし》むべきなり。信にして喜んで人に任ずる者は、誑《あざむ》くべきなり。廉潔にして人を愛せざる者は、侮るべきなり。智にして心緩なる者は、襲うべきなり。剛毅にして自ら用うる者は、事とすべきなり。懦にして喜んで人に任ずる者は、欺くべきなり。

4

故に兵は国の大事、存亡の道なり。命は将に在り。将は国の輔《たす》け、先王の重んずる所なり。故に将を置くこと察せざるべからず。故に曰く、『兵は両《ふた》つながら勝たず、亦《また》両つながら敗れず』と。兵出《い》でて境を踰《こ》え、十日を出ずして、国を亡ぼすことあらずば、必ず軍を破り将を殺すこと有らん」

武王曰く、「善いかな」

第二十　選将

1

武王、太公に問うて曰《いわ》く、「王者の兵を挙ぐるに、英雄を簡練し、士の高下を知る、之《これ》を為《な》すこと奈何《いかん》」

太公曰く、「夫《そ》れ士は、外貌《がいぼう》、衆情と相《あい》応ぜざる者十五あり。賢にして而《しか》も不肖なる者有り。温良にして而も盗を為す者有り。貌《かたち》、恭敬にして而も心、漫《みだら》なる者有り。外、謙謹にして而も内、恭敬無き者有り。精々にして而も情無き者有り。湛々《たんたん》として而も誠無き者有り。謀を好んで而も決無き者有り。果敢の如《ごと》くにして而も能《よ》くせざる者有り。悾々《こうこう》として而も信ならざる者有り。恍々惚々《こうこうこつこつ》として而も反《かえ》って忠実なる者有り。詭激《きげき》にして而も功効有る者有り。外、勇にして而も内、怯なる者有り。粛々《しゅくしゅく》として而も反って人を易《あなど》る者有り。嗃々《かくかく》として而も反って静愨《せいかく》なる者有り。勢虚しく形劣りて而も外に出でては至らざる所無く、遂げざらしむる所無き者あり。

天下の賤《いやし》む所、聖人の貴ぶ所、凡人は知らず。大明有るにあらざれば、其《そ》の際を見ず。此《こ》れ士の外貌、衆情と相《あい》応ぜざる者なり」

2

武王曰く、「何を以《もっ》てか之を知らん」

太公曰く、「之を知るに八徴有り。一に曰く、之に問うに言を以てし、以て其の詳なるを観《み》る。二に曰く、之を窮むるに辞を以てして、以て其の変を観る。三に曰く、之に間諜を与えて、以て其の誠を観る。四に曰く、明白に顕問して、以て其の徳を観る。五に曰く、之を使うに財を以てして、其の廉を観る。六に曰く、之を試みるに色を以てして、以て其の貞を観る。七に曰く、之に告ぐるに難を以てして、以て其の勇を観る。八に曰く、之を酔わしむるに酒を以てして、其の態を観る。

八徴皆備われば、則ち賢不肖別る」

第二十一　立将

1

武王、太公に問うて曰《いわ》く、「将を立つるの道は奈何《いかん》」

太公曰く、「凡《およ》そ国に難有らば、君、正殿を避け、将を召して之《これ》に詔して曰く、『社稷《しゃしょく》の安危、一に将軍に在り。今、某国、不臣なり。願わくは将軍、師を帥《ひき》いて之に応ぜよ』と。将、既に命を受くれば、乃《すなわ》ち太史に命じて卜《ぼく》せしむ。斎《さい》すること三日、太廟《たいびょう》に之《ゆ》き、霊亀を鑽《き》り、吉日を卜して、以《もっ》て斧鉞《ふえつ》を授く。

2

君、廟門に入り、西面して立つ。将、廟門に入り、北面して立つ。君、親《みず》から鉞を操《と》り首《かしら》を持ちて、将に其《そ》の柄を授けて曰く、『此《ここ》より上《かみ》、天に至るまで、将軍、之を制せよ』と。

復《ま》た斧を操り柄を持ちて、将に其の刃を授けて曰く、『此より下、淵に至るまで、将軍、之を制せよ。其の虚を見れば則《すなわ》ち進み、其の実を見れば則ち止まれ。三軍を以て衆と為《な》して敵を軽んずること勿《な》かれ。命を受けたるを以て重しと為して死を必する勿かれ。身の貴きを以て人を賤《いや》しむ勿かれ。独見を以て衆に違う勿かれ。弁説を以て必然とする勿かれ。士未だ座せざれば座する勿かれ。士未だ食わざれば食う勿かれ。寒暑必ず同じくせよ。此《かく》のごとくならば、士衆、必ず死力を尽くさん』と。

3

将、已《すで》に命を受け、拝して君に報じて曰く、『臣聞く、国は外より治むべからず、軍は中より御すべからず。二心、以て君に事《つか》うべからず、疑志以て敵に応ずべからず。臣、既に命を受けて、斧鉞の威を専《もっぱ》らにす。臣、敢《あ》えて生きて還らじ。願わくは君、亦《また》、一言の命を臣に垂《た》れよ。君、臣に許さずば、臣敢えて将たらじ』と。

4

君、之を許せば、乃ち辞して行く。軍中の事、君命を聞かず、皆、将より出《い》ず。敵に臨み戦いを決し、二心有ること無し。此のごとくなれば、則ち上に天無く、下に地無く、前に敵無く、後に君無し。是《こ》の故に智者は之が為に謀り、勇者は之が為に闘う。気、青雲を厲《しの》ぎ、疾《はや》きこと馳騖《ちぶ》するが若《ごと》く、兵、刃《やいば》を接《まじ》えずして敵、降服す。戦い外に勝ち、功、内に立ち、吏、遷され、上賞せられ、百姓歓悦して、将に咎殃《きゅうおう》無し。是の故に風雨時節あり、五穀豊登し、社稷安寧なり」

武王曰く、「善いかな」

第二十二　将威

武王、太公に問うて曰《いわ》く、「将は何を以《もっ》て威と為《な》し、何を以て明と為し、何を以て禁止を為して、令行われん」

太公曰く、「将は大を誅するを以て威と為し、小を賞するを以て明と為し、罰の審《つまび》らかなるを以て禁止を為して、令行わる。

故に一人を殺して三軍震う者は之《これ》を殺し、一人を賞して万人説《よろこ》ぶ者は之を賞す。殺は大を貴び、賞は小を貴ぶ。其の当路貴重の人を殺すは、是《こ》れ刑の上に極まるなり。賞、牛豎《ぎゅうじゅ》、馬洗、厩養《きゅうよう》の徒に及ぶは、是れ賞の下に通ずるなり。刑、上に極まり、賞、下に通ずれば、是れ将威の行わるる所なり」

第二十三　励軍

1

武王、太公に問うて曰《いわ》く、「吾《わ》れ三軍の衆をして、城を攻めては先を争いて登り、野戦には先を争いて赴き、金声を聞きて怒り、鼓声を聞きて喜ばしめんと欲す。之《これ》を為《な》すこと奈何《いかん》」

太公曰く、「将に三勝有り」

2

武王曰く、「敢《あ》えて其《そ》の目を問う」

太公曰く、「将は冬、裘《きゅう》を服せず、夏、扇を操《と》らず、雨にも蓋《かさ》を張らず。名づけて『礼将』と曰《い》う。将は身に礼を服せざれば、以《もっ》て士卒の寒暑を知る無し。隘塞《あいそく》を出で、泥塗を犯すには、将必ず先ず下りて歩む。名づけて『力将』と曰《い》う。将は身に力を服せざれば、以て士卒の労苦を知る無し。

軍、皆、次を定めて、将乃《すなわ》ち舎に就き、炊《かし》ぐ者、皆、熟して、将乃ち食に就き、軍、火を挙げざれば、将も亦《また》挙げず。名づけて『止欲の将』と曰う。将は身に止欲を服せざれば、以て士卒の饑飽《きほう》を知る無し。

3

将、士卒と、寒暑、労苦、饑飽を共にす。故に三軍の衆、鼓声を聞けば則《すなわ》ち喜び、金声を聞けば則ち怒る。高城深池、矢石《しせき》繁く下れども、士、先を争いて登り、白刃始めて合うも、士、先を争いて赴く。士は死を好み傷を楽しむに非《あら》ざるなり。其の将の寒暑、労苦、饑飽を知ること審《つまび》らかにして、労苦を見ること明らかなるが為なり」

第二十四　陰符

武王、太公に問うて曰《いわ》く、「兵を引きて深く諸侯の地に入り、三軍、卒《にわか》に緩急有りて、或《あるい》は利あり、或は害あるとき、吾《わ》れ将《まさ》に近きを以て遠きに通じ、中より外に応じ、以《もっ》て三軍の用を給せんとす。之《これ》を為《な》すこと奈何《いかん》」

太公曰く、「主と将と陰符、凡《およ》そ八等有り。大いに敵に勝克するの符は、長さ一尺。軍を破り将を殺すの符は、長さ九寸。城を降し邑《ゆう》を得るの符は、長さ八寸。敵を却《しりぞ》け遠きに報ずるの符は、長さ七寸。衆を警《いまし》め守りを堅くするの符は、長さ六寸。糧を請い兵を益すの符は、長さ五寸。軍を敗《やぶ》り将を亡ぼすの符は、長さ四寸。利を失い士を亡ぼすの符は、長さ三寸。

諸々《もろもろ》の使いを奉じて符を行うに、稽留《けいりゅう》する者、若《も》しくは符の事泄《も》れて、聞く者、告ぐる者、皆之を誅《ちゅう》す。

八符は、主と将、聞くことを秘す、陰《ひそ》かに言語を通じて泄らさず、中外相知る所以《ゆえん》の術なり。敵、聖智と雖《いえど》も、之を能《よ》く識《し》る莫《な》し」

武王曰く、「善いかな」

第二十五　陰書

武王、太公に問うて曰《いわ》く、「兵を引きて深く諸侯の地に入りて、主と将と、兵を合わせて無窮の変を行い、不測の利を図らんと欲するに、其《そ》の事、繁多にて、符も明らかにする能《あた》わず、相去る遼遠《りょうえん》にして、言語通ぜず、之《これ》を為《な》すこと奈何《いかん》」

太公曰く、「諸々《もろもろ》、陰事大慮有らば、当《まさ》に書を用いて符を用いざるべし。主、書を以《もっ》て将に遺《おく》り、将、書を以て主に問うに、書は皆、『一合して再離し、三発して一知す』。『再離』とは、書を分かちて三部と為し、『三発して一知す』とは、三人、人ごとに一分を操り、相参《あいまじ》えて、情を知らしめざるなり。此《これ》を『陰書』と謂《い》う。敵、聖智ありと雖《いえど》も、之を能《よ》く識《し》る莫《な》し」

武王曰く、「善いかな」

第二十六　軍勢

1

武王、太公に問うて曰《いわ》く、「攻伐《こうばつ》の道、奈何《いかん》」

太公曰く、「勢いは敵家の動くに因り、変は両陣の間に生じ、奇正は無窮の源に発す。故に至事は語らず、用兵は言わず。且《か》つ、事の至りは、其《そ》の言聴くに足らざるなり。兵の用は、其の状見るに定まらざるなり。倏《たちま》ちにして往《ゆ》き、忽《たちま》ちにして来たる。能《よ》く独り専《もっぱ》らにして制せられざるものは兵なり。

聞けば則《すなわ》ち議し、見れば則ち図り、知れば則ち困《くるし》み、弁ずれば則ち危し。

2

故に善く戦う者は、軍を張るを待たず。善く患《わざわい》を除く者は、未《いま》だ生ぜざるに理《おさ》む。敵に勝つ者は、形無きに勝つ。

上戦は与《とも》に戦う無し。故に勝を白刃の前に争う者は、良将に非《あら》ざるなり。備えを已《すで》に失えるの後に設くる者は、上聖に非ざるなり。智、衆と同じきは、国師に非ざるなり。技、衆と同じきは、国工に非ざるなり。

事は必克《ひっこく》より大なるは莫《な》く、用は玄黙《げんもく》より大なるは莫く、動は不意より大なるは莫く、謀は不識より大なるは莫し。夫《そ》れ先ず勝つ者は、先ず弱きを敵に見《しめ》して、後に戦う者なり。故に士は半ばにして功は倍す。

3

聖人は天地の動きに徴す、孰《た》れか其の紀を知らん。陰陽の道に循《したが》いて、其の候に従う。天地の盈縮《えいしゅく》に当りて、因って以《もっ》て常と為《な》す。物に死生有るは、天地の形に因る。故に曰く、未だ形を見ずして戦わば、衆と雖《いえど》も必ず敗れん。善く戦う者は、之《これ》に居りて撓《みだ》れず、勝ちを見れば則ち起ち、勝たざれば則ち止む。

故に曰く、『恐懼《きょうく》する無かれ、猶予する無かれ。兵を用うるの害は、猶予、最も大なり。三軍の災は、狐疑より過ぎたるは莫し』と。

4

善く戦う者は、利を見て失わず、時に遇いて疑わず。利を失い時に後《おく》るれば、反《かえ》って其の殃《わざわい》を受く。故に智者は、之に従いて失わず、巧者は一決して猶予せず。是《これ》を以て疾雷、耳を掩《おお》うに及ばず、迅電、目を瞑《めい》するに及ばず、之に赴くこと驚くが若《ごと》く、之を用うること狂うがごとし。之に当る者は破れ、之に近づく者は亡ぶ、孰れか能く之を禦《ふせ》がん。

夫れ将、言わざる所有りて守る者は、神なり。見ざる所有りて視《み》る者は、明なり。故に神明の道を知る者は、野に横敵無く、対するに立国無し」

武王曰く、「善いかな」

第二十七　奇兵

1

武王、太公に問うて曰《いわ》く、「凡《およ》そ兵を用うるの法は、大要如何《いかん》」

太公曰く、「古《いにしえ》の善く戦う者は、能《よ》く天上に戦うに非《あら》ず、能く地下に戦うに非ず。其《そ》の成と敗とは、皆、神勢に由《よ》る。之《これ》を得る者は昌《さか》え、之を失う者は亡ぶ。

2

夫《そ》れ両陣の間に、甲を出《い》だし兵を陳《つら》ね、卒を縦《はな》ち行を乱すは、変を為《な》す所以《ゆえん》なり。深草蓊鬱《おううつ》たるは、遁逃《とんとう》する所以なり。渓谷険阻なるは、車を止め騎を禦《ふせ》ぐ所以なり。隘塞《あいそく》山林は、少もて衆を撃つ所以なり。

以なり。

坳沢窈冥《おうたくようめい》なるは、其の形を匿《かく》す所以なり。清明にして隠るる無きは、勇力を戦わしむる所以なり。

疾《と》きこと流れ矢の如《ごと》く、撃つこと機を発するが如きは、清微を破る所以なり。伏を詭《いつわ》り奇を設け、遠く張り誑《あざむ》き誘うは、軍を破り将を擒《とりこ》にする所以なり。

3

四分五裂するは、円を撃ち、方を破る所以なり。其の驚駭《けいがい》に因るは、一もて十を撃つ所以なり。其の労倦《ろうけん》、暮舍《ぼしゃ》に因るは、十もて百を撃つ所以なり。

奇技は、深水を越え、江河を渡る所以なり。強弩《きょうど》長兵は、水を踰《こ》えて戦う所以なり。長関遠候、暴疾謬遁《びゅうとん》するは、城を降し邑《ゆう》を服する所以なり。鼓行讙囂《かんごう》するは、奇謀を行う所以なり。

大風甚雨は、前を搏《う》ち後を擒にする所以なり。偽りて敵の使いと称するは、糧道を絶つ所以なり。号令を謬《いつわ》りて、敵と服を同じくするは、走北《そうほく》に備うる所以なり。戦うに必ず義を以《もっ》てするは、衆を励まし敵に勝つ所以なり。

4

爵を尊び賞を重くするは、命を用うるを勧むる所以なり。刑を厳にし罰を重くするは、罷怠《ひたい》を進むる所以なり。一喜一怒、一予一奪、一文一武、一徐一疾は、三軍を調和し、臣下を制一にする所以なり。

高敞《こうしょう》に処《お》るは、警守する所以なり。険阻を保つは、固めを為す所以なり。山林茂穢《ぼうあい》なるは、往来を黙する所以なり。深溝高塁、積糧《しりょう》多きは、持久する所以なり。

5

故に曰く、『戦攻の策を知らざれば、以て敵を語るべからず。分移する能《あた》わざれば、以て奇を語るべからず。治乱に通ぜざれば、以て変を語るべからず』と。故に曰く、『将、仁ならざれば、則《すなわ》ち三軍親しまず。将、勇ならざれば、則ち三軍鋭からず。将、智ならざれば、則ち三軍、大に疑う。将、明かならざれば、三軍、大に傾く。将、精微ならざれば、則ち三軍、其の機を失う。将、常に戒めざれば、則ち三軍、其の備えを失う。将、強力ならざれば、則ち三軍、其の職を失う』と。

故に将は人の司命なり。三軍、之と倶《とも》に治まり、之と倶に乱る。賢将を得る者は、兵強く国昌《さか》え、賢将を得ざる者は、兵弱く国亡ぶ」

武王曰く、「善いかな」

第二十八　五音

1

武王、太公に問うて曰《いわ》く、「律音の声は、以《もっ》て三軍の消息、勝負の決を知るべきか」

太公曰く、「深いかな、王の問いや。夫《そ》れ律管十二、其《そ》の要、五音有り。宮・商・角・徴《ち》・羽なり、是《こ》れ真の正声なり。万代易《かわ》らず。五行の神、道の常なり。金・木・水・火・土、各々《おのおの》其の勝を以て攻むるなり。

2

古者、三皇の世、虚無の情、以て剛強を制す。文字有ること無く、皆、五行に由《よ》る。五行の道は、天地の自然にして、六甲の分、微妙の神なり。

其の法は、天、清浄にして、陰雲風雨無きを以て、夜半に軽騎を遣《や》り、往《ゆ》きて敵人の塁に至り、去ること九百歩の外にして、偏《あまね》く律管を持ち、耳に当て大いに呼びて、之《これ》を驚かす。

3

声有りて管に応ず。其の来たること甚《はなは》だ微なり。角声、管に応ずれば、当《まさ》に白虎を以てすべし。

徴《ち》声、管に応ずれば、当に玄武を以てすべし。

商声、管に応ずれば、当に朱雀を以てすべし。

羽声、管に応ずれば、当に勾陳《こうちん》を以てすべし。

五管の声尽《ことごと》く応ぜざれば、宮なり、当に青竜を以てすべし。此《こ》れ五行の符、勝を佐《たす》くるの徴《ちょう》、成敗の機なり」

武王曰く、「善いかな」

4

太公曰く、「微妙の音は、皆、外候有り」

武王曰く、「何を以てか之を知らん」

太公曰く、「敵人、驚動すれば、則《すなわ》ち之を聴く。枹鼓《ふこ》の音を聞けば、角なり。火光を見るは、徴《ち》なり。金鉄矛戟《ぼうげき》の音を聞けば、商なり。人の嘯呼《しょうこ》の音を聞くは、羽なり。寂寞《せきばく》として聞ゆる無きは、宮なり。此の五音は、声色の符なり」

第二十九　兵徴

1

武王、太公に問うて曰《いわ》く、「吾《わ》れ未《いま》だ戦わずして、先ず敵人の強弱を知り、予《あらかじ》め勝負の徴を見んと欲す、之《これ》を為《な》すこと奈何《いかん》」

太公曰く、「勝負の徴は、精神先ず見《あら》われ、明将之を察す。其《そ》の効、人に在り。謹んで敵人の出入、進退を候《うかが》い、其の動静、言語、妖祥《ようしょう》、士卒の告ぐる所を察す。

2

凡《およ》そ三軍悦懌《えつえき》し、士卒法を畏《おそ》れ、其の将命を敬し、相喜ぶに敵を破らんことを以《もっ》てし、相陳《あいの》ぶるに勇猛を以てし、相賢《あいけん》とするに威武を以てするは、此《こ》れ強の徴なり。

三軍、数々《しばしば》驚き、士卒、斉《ひと》しからず、相恐るるに敵の強きを以てし、相語るに不利を以てし、耳目相属《あいつ》き、妖言止まず、衆口相惑わし、法令を畏れず、其の将を重んぜざるは、此れ弱の徴なり。

3

三軍斉整し、陣勢以て固く、溝を深くし、塁を高くし、又、大風甚雨の利有り、三軍故無くして、旌旗《せいき》前に指し、金鐸《きんたく》の声揚りて以て清《す》み、鼙鼓《へいこ》の声宛《えん》として以て鳴るは、此れ神明の助けを得て、大勝するの徴なり。

行陣、固からず、旌旗乱れて相遶《あいめぐ》り、大風甚雨の利に逆らい、士卒恐懼《きょうく》し、気絶えて属《つづ》かず、戎馬驚き奔《はし》り、兵車軸を折り、金鐸の声下《ひく》くして以て濁り、鼙鼓の声湿《うるお》いて以て沐《もく》するは、此れ大敗するの徴なり。

4

凡そ城を攻め邑《ゆう》を囲むに、城の気色、死灰の如《ごと》きは、城屠《ほふ》るべし。城の気、出《い》でて北すれば、城、克《か》つべし。城の気、出でて西すれば、城、降すべし。

城の気、出でて南すれば、城、抜くべからず。城の気、出でて東すれば、城、攻むべからず。城の気、出でて復《ま》た入れば、城主、逃れ北《に》ぐ。城の気、出でて我軍の上を覆《おお》えば、軍必ず病む。城の気、出でて高くして止まる所無きは、兵を用うること長久なり。凡そ城を攻め邑を囲むに、旬を過ぎて雷せず、雨ふらざれば、必ず亟《すみや》かに之を去れ、城、必ず大輔有らん。

此れ攻むべきを知りて攻め、攻むべからずして止む所以《ゆえん》なり」

武王曰く、「善いかな」

第三十　農器

1

武王、太公に問うて曰《いわ》く、「天下安定し、国家争い無くんば、戦攻の具、修むる無かるべきか。守禦《しゅぎょ》の備え、設くる無かるべきか」

太公曰く、「戦攻守禦の具は、尽《ことごと》く人事に在り。耒耜《らいし》は、其《そ》の行馬、蒺藜《しつれい》なり。馬牛、車輿は、其の営塁、蔽櫓《へいろ》なり。鋤耰《じょゆう》の具は、其の矛戟《ぼうげき》なり。簑篩《さし》、簦笠《とうりゅう》は、其の甲冑《かっちゅう》、干櫓《かんろ》なり。钁鍤《かくそう》、斧鋸《ふきょ》、杵臼《しょきゅう》は、其の城を攻むる器なり。牛馬は、糧を転輸する所以《ゆえん》なり。鶏犬は、其の伺候なり。婦人の織紝《しょくじん》は、其の旌旗《せいき》なり。丈夫の壌を平《たいら》ぐるは、其の城を攻むるなり。

2

春、草棘《そうきょく》を鏺《か》るは、其の車騎を戦わしむるなり。夏、田疇《でんちゅう》を耨《くさぎ》るは、其の歩兵を戦わしむるなり。秋、禾薪《かしん》を刈るは、其の糧食の儲備《ちょび》なり。冬、倉廩《そうりん》を実するは、其の堅守なり。

田里相伍するは、其の約束符信なり。里に吏有り、官に長有るは、其の将帥なり。里に周垣有り、相過ぐることを得ざるは、其の隊分なり。粟《ぞく》を輸し芻《すう》を取るは、其の廩庫《りんこ》なり。春秋に城郭を治め、溝渠《こうきょ》を修むるは、其の塹塁なり。

3

故に兵を用うるの具は、人事に尽きたり。善く国を為《おさ》むる者は、人事に取る。故に必ず其の六畜を遂げ、其の田野を闢《ひら》き、其の処所を究めしむ。丈夫の田を治むるに、畝数有り。婦人の織紝に、尺度有り。其れ国を富まし兵を強くするの道なり」

武王曰く、「善いかな」

虎韜

第三十一　軍用

1

武王、太公に問うて曰《いわ》く、「王者、兵を挙ぐるに、三軍の器用、攻守の具、科品の衆寡、豈《あ》に法有りや」

太公曰く、「大なるかな王の問や。夫《そ》れ攻守の具、各々《おのおの》科品有り、此《こ》れ兵の大威なり」

武王曰く、「願わくは之《これ》を聞かん」

2

太公曰く、「凡《およ》そ兵を用うるの大数、甲士万人に将たる、法、武衛の大扶胥《だいふしょ》三十六乗を用う。材士の強弩《きょうど》、矛戟《ぼうげき》を翼となす。一車ごとに二十四人あり、之を推すに八尺の車輪を以《もっ》てし、車上に旗鼓を立つ。兵法に之を震駭《しんがい》と謂《い》う。堅陣を陥《おとしい》れ、強敵を敗る。

武翼の大櫓《たいろ》矛戟、扶胥七十二具あり。材士の強弩、矛戟を翼となす。五尺の車輪を以てす、絞車の連弩、自ら副《たすけ》たり。堅陣を陥れ、強敵を敗る。

提翼の小櫓扶胥、一百四十六具あり、絞車の連弩、自ら副たり。鹿車輪を以てす、堅陣を陥れ、強敵を敗る。大黄の参連弩大扶胥三十六乗あり。材士の強弩、矛戟を翼となす。飛鳧《ひふ》電影、自ら副たり。飛鳧は赤茎白羽、銅を以て首《かしら》となす。電影は青茎赤羽、鉄を以て首となす。昼は則《すなわ》ち絳縞《こうこう》の長さ六尺、広さ六寸なるを以て光耀となす。夜は則ち白縞の長さ六尺、広さ六寸なるを以て流星となす。堅陣を陥れ、歩騎を敗る。

大扶胥の衝車、三十六乗あり。蟷螂《とうろう》の武士を共に載《の》す、以て縦横を撃ち強敵を敗るべし。

輜車騎寇《ししゃきこう》、一に電車と名づく。兵法に、之を電撃と謂う。堅陣を陥れ、歩騎を敗る。

寇《こう》、夜来たるときは、前の矛戟扶胥の軽車、一百六十乗、蟷螂の武士三人、共に載す。兵法に、之を霆撃《ていげき》と謂う。堅陣を陥れ、歩騎を敗る。

3

方首の鉄棓維朌《てっぽういふん》、重さ十二斤、柄の長さ五尺以上なるもの、千二百枚、一に天棓《てんぼう》と名づく。大柯斧《かふ》、刃の長さ八寸、重さ八斤、柄の長さ五尺以上なるもの、千二百枚、一に天鉞《てんえつ》と名づく。方首の鉄鎚《てっつい》、重さ八斤、柄の長さ五尺以上なるもの、千二百枚、一に天鎚と名づく、歩騎群寇を敗る。飛鉤《ひこう》、長さ八寸、鉤芒《こうぼう》の長さ四寸、柄の長さ六尺以上なるもの、千二百枚、以て其《そ》の衆に投ず。

三軍の拒《ふせ》ぎ守るには、木螳螂、剣刃の扶胥、広さ二丈なるもの、百二十具、一に行馬と名づく。平易の地に、歩兵を以て車騎を敗る。木蒺藜《さえぎ》、地を去ること二尺五寸なるもの、百二十具、歩騎を敗り、窮寇を要《よう》し、走り北《に》ぐるを遮る。

軸旋《じくせん》、短衝《たんしょう》、矛戟の扶胥、百二十具、黄帝の蚩尤《しゆう》氏を敗りし所以《ゆえん》なり。歩騎を敗り、窮寇を要し、走り北ぐるを遮る。

4

狭路微径には、鉄蒺藜を張る。芒《きっさき》の高さ四寸、広さ八寸、長さ六尺以上なるもの、千二百具、走騎を敗る。瞑《くら》きを突いて来たり前《すす》みて戦を促し、白刃接《まじ》わるときは、地羅を張り、両鏃《ぞく》の蒺藜、参連の織女、芒の間相去ること二尺なるもの、万二千具を鋪《し》く。

曠野草中には、方胸《ほうきょう》の鋌矛《ていぼう》、千二百具。鋌矛を張る法、高さ一尺五寸、歩騎を敗り、窮寇を要し、走り北ぐるを遮る。

狭路、微径、地陥には、鉄械鎖《てっかいさ》の参連、百二十具、歩騎を敗し、窮寇を要し、走り北ぐるを遮る。

5

塁門の拒守には、矛戟の小櫓、十二具、絞車の連弩、自ら副たり。

三軍の拒守には、天羅、虎落、鎖連の一部、広さ一丈五尺、高さ八尺なるもの、百二十具。虎落、剣刃、扶胥、広さ一丈五尺、高さ八尺なるもの、五百一十具。

6

溝塹を渡るには、飛橋一間、広さ一丈五尺、長さ二丈以上にして、転関、轆轤《ろくろ》を著《つ》けたるもの八具、環利通索を以て之を張る。

大水を渡るには、飛江、広さ一丈五尺、長さ二丈以上なるもの、八具、環利通索を以て之を張る。

天浮、鉄螳螂、内を矩《く》にし、外を円にし、径四尺以上にして、環絡自ら副《たす》くるもの、三十二具、天浮を以て飛江を張りて、大海を済《わた》る。之を天潢《てんこう》と謂う。一に天船と名づく。

7

山林野居には、虎落柴営《さいえい》を結ぶ。環利の鉄鎖、長さ二丈以上なるもの、千二百枚。環利の大通索、大《おおい》さ四寸、長さ四丈以上なるもの、六百枚。環利の中通索、大さ二寸、長さ四丈以上なるもの、二百枚。環利の小徽纆《きるい》、長さ二丈以上なるもの、万二千枚。

天雨ふるには、重車の上を蓋《おお》う板、結枲鉏鋙《けっしそご》、広さ四尺、長さ四丈以上なるもの、車ごとに一具、鉄杙《てつよく》を以て之を張る。

8

木を伐る天斧、重さ八斤、柄の長さ三尺以上なるもの、三百枚。棨钁《けいかく》、刃の広さ六寸、柄の長さ五尺以上なるもの、三百枚。銅築固為垂《どうちくこいすい》、長さ五尺以上なるもの、三百枚。鷹爪《ようそう》方胸《ほうきょう》の鉄把、柄の長さ七尺以上なるもの、三百枚。方胸の鉄叉、柄の長さ七尺以上なるもの、三百枚。方胸両枝の鉄叉、柄の長さ七尺以上なるもの、三百枚。

草木を芟《か》る大鎌、柄の長さ七尺以上なるもの、三百枚。大櫓刃、重さ八斤、柄の長さ六尺なるもの、三百枚。委環の鉄杙《てつよく》、長さ三尺以上なるもの、三百枚。杙《くい》を椓《う》つ大鎚、重さ五斤、柄の長さ二尺以上なるもの、百二十具。

甲士万人、強弩六千、戟櫓二千、矛楯二千。攻具を修治し、兵器を砥礪《しれい》する巧手三百人。これ兵を挙ぐる軍用の大数なり」

武王曰く、「允《まこと》なるかな」

第三十二　三陣

武王、太公に問うて曰《いわ》く、「凡《およ》そ兵を用うるに、天陣、地陣、人陣を為《な》すこと奈何《いかん》」

太公曰く、「日月星辰斗柄、一は左に一は右に、一は向い一は背く、これを天陣と謂《い》う。

丘陵水泉、亦《また》前後左右の利あり、これを地陣と謂う。

車を用い馬を用い、文を用い武を用う、これを人陣と謂う」

武王曰く、「善いかな」

第三十三　疾戦

1

武王、太公に問うて曰《いわ》く、「敵人、我を囲みて、我が前後を断ち、我が糧道を絶たば、之《これ》を為《な》すこと奈何《いかん》」

太公曰く、「これ天下の困兵なり。暴《にわか》に之を用うれば則《すなわ》ち勝ち、徐《おもむろ》に之を用うれば則ち敗る。此《かく》の如《ごと》きものは、四武の衝陣を為して、武車驍騎《ぎょうき》を以《もっ》て、其の軍を驚乱して、疾《と》く之を撃つときは、以て横行すべし」

2

武王曰く、「若《も》し已《すで》に囲地を出《い》で、因りて以て勝を為さんと欲せば、之を為すこと奈何」

太公曰く、「左軍は疾《と》く左にし、右軍は疾く右にし、敵人と道を争うことなく、中軍は迭《かたみ》に前《すす》み迭に後《おく》るるときは、敵人、衆《おおし》と雖《いえど》も、其の将、走らすべし」

第三十四　必出

1

武王、太公に問うて曰《いわ》く、「兵を引きて深く諸侯の地に入り、敵人四《よ》もに合して我を囲み、我が帰道を断ち、我が糧食を絶ち、敵人既に衆《おお》く、糧食甚《はなは》だ多く、険阻にして又固きとき、我、必ず出《い》でんと欲す、之《これ》を為《な》すこと奈何《いかん》」

太公曰く、「必ず出ずるの道は、器械を宝となし、勇闘を首となす。審《つまび》らかに敵人空虚の地、無人の処《ところ》を知らば、必ず以《もっ》て出ずべし。将士、玄旗を持ち、器械を操り、銜枚《かんばい》を設けて夜出ず。

勇力、飛走、冒将の士、前に居りて塁を平《たいら》げ、軍の為に道を開き、材士強弩《きょうど》を伏兵となして後に居《お》き、弱卒車騎を中に居き、陣し畢《おわ》りて徐《おもむろ》に行き、慎みて驚駭《けいがい》することなかれ。

武衝の扶胥《ふしょ》を以て、前後に拒《ふせ》ぎ守り、武翼の大櫓《たいろ》、以て左右を蔽《おお》う。敵人、若《も》し驚かば、勇力冒将の士、疾《と》く撃って前《すす》み、弱卒車騎は、以て其《そ》の後に属《つづ》き、材士強弩、隠伏して処《お》り、審らかに敵人の我を追うを候《うかが》いて、伏兵疾く其の後を撃ち、其の火鼓を多くし、地より出ずるが若《ごと》く、天より下るが若く、三軍勇み闘わば、我を能《よ》く禦《ふせ》ぐなからん」

2

武王曰く、「前に大水、広塹《こうざん》、深坑ありて、我、踰《こ》え渡らんと欲するに、舟楫《しゅうしゅう》の備《そなえ》なく、敵人塁に屯《たむろ》して、我が軍前を限り、我が帰道を塞《ふさ》ぎ、斥候常に戒《いまし》め、険塞尽《ことごと》く守り、車騎は我が前を要し、勇士は我が後を撃たば、之を為すこと奈何」

太公曰く、「大水、広塹、深坑は、敵人の守らざる所、或《あるい》は能く之を守るとも、其の卒、必ず寡《すくな》からん。此《かく》の若きは、飛江と転関と天潢とを以て、我が軍を済《わた》し、勇力材士、我が指す所に従って、敵を衝き陣を絶ち、皆、其の死を致せ。

先ず吾《わ》が輜重《しちょう》を燔《や》き、吾が糧食を焼き、明かに吏士に告げよ、勇み闘わば則《すなわ》ち生き、勇まずんば則ち死せんと。

已《すで》に出ずれば、我が踵軍《しょうぐん》をして雲火を設け、遠く候《うかが》わしめ、必ず草木丘墓険阻に依《よ》れ。敵人の車騎、必ず敢《あえ》て遠く追い長く駆《は》せじ。因りて火を以て記となし、先ず出ずるものをして火に至りて止まり、四武の衝陣を為《つく》らしむ。此の如くんば、則ち吾が三軍皆精鋭にして勇み闘い、我を能く止むるなからん」

武王曰く、「善いかな」

第三十五　軍略

武王、太公に問うて曰《いわ》く、「兵を引きて深く諸侯の地に入り、深渓大谷険阻の水に遇《あ》い、吾《わ》が三軍、未《いま》だ畢《ことごと》く済《わた》ることを得ずして、天暴《にわ》かに雨ふり、流水大いに至りて、後前に属《つづ》くことを得ず、舟梁《しゅうりょう》の備なく、又水草の資《たすけ》なきに、吾、畢く三軍を済して稽留《けいりゅう》せざらしめんと欲す。之《これ》を為《な》すこと奈何《いかん》」

太公曰く、「凡《およ》そ師を帥《ひき》い衆に将たるに、慮、先ず設けず、器械備わらず、教、精信ならず、士卒、習わず、此《かく》の若《ごと》きは、以《もっ》て王者の兵となすべからざるなり。

凡そ三軍、大事あるには、器械を習い用いざるなし。若《も》し城を攻め邑《ゆう》を囲むには、則《すなわ》ち轒轀《ふんうん》、臨衝《りんしょう》あり。城中を視《み》るには、則ち雲梯、飛楼あり。三軍行止するには、則ち武衝大櫓ありて、前後を拒《ふさ》ぎ守る。

道を絶ち街を遮《さえぎ》るには、則ち材士、強弩《きょうど》ありて、其の両旁《りょうぼう》を衛《まも》る。営塁を設くるには、則ち天羅、虎落、行馬、蒺藜《しつれい》あり。

昼は則ち雲梯に登りて遠く望み、五色の旌旗《せいき》を立つ。夜は則ち雲火、万炬《まんきょ》を設けて、雷鼓を撃ち、鼙鐸《へいたく》を振い、鳴笳《めいか》を吹く。溝塹を越ゆるには、則ち飛橋、転関、轆轤《ろくろ》、鉏鋙《そご》あり。大水を済るには、則ち天潢・飛江あり。波に逆い流れに上るには、則ち浮海、絶江あり。

三軍の用備わらば、主将、何をか憂えん」

第三十六　臨境

1

武王、太公に問うて曰《いわ》く、「吾《われ》、敵人と境に臨みて相拒《あいふせ》がんに、彼、以《もっ》て来るべく、我、以て往《ゆ》くべく、陣皆堅固にして、敢《あ》えて先ず挙ぐるなく、我、往きて之《これ》を襲わんと欲せば、彼も亦《また》以て来たるべし。之を為《な》すこと奈何《いかん》」

太公曰く、「兵を三処に分ち、我が前軍をして、溝を深くし塁を増して出《い》ずることなく、旌旗《せいき》を列ね、鼙鼓《へいこ》を撃ち、完《まった》く守備を為さしめ、我が後軍をして、多く糧食を積んで、敵人をして我が意を知らしむることなからしめ、我が鋭士を発して、潜《ひそか》に其《そ》の中を襲い、其の不意を撃ち、その備なきを攻めよ。敵人、我が情を知らざれば、則《すなわ》ち止まりて来たらじ」

2

武王曰く、「敵人、我の情を知り、我の機に通じ、動けば則ち我が事を得、其の鋭士は深草に伏し、我が隘路《あいろ》を要し、わが便処を撃たば、之を為すこと奈何」

太公曰く、「我が前軍をして、日に出《い》でて戦を挑みて、以て其《そ》の意を労せしめ、我が老弱をして、柴を曳きて塵を揚げ、鼓呼して往来し、或《あるい》は其の左に出で、或は其の右に出で、敵を去ること百歩に過ぐるなからしめよ。その将必ず労し、其の卒必ず駭《おどろ》かん。此の如《ごと》くならば、則ち敵人、敢えて来たらじ。吾《わ》が往くもの止まず、或は其の内を襲い、或は其の外を撃ち、三軍疾《と》く戦わば、敵人必ず敗れん」

第三十七　動静

1

武王、太公に問うて曰《いわ》く、「兵を引きて深く諸侯の地に入り、敵の軍と相当りて、両陣相望み、衆寡強弱相等しく、未《いま》だ敢《あ》えて先ず挙げざるとき、吾《われ》、敵人をして将帥は恐懼《きょうく》し、士卒は心傷み、行陣は固からず、後陣は走らんと欲し、前陣は数々《しばしば》顧みるを、鼓譟《こそう》して之《これ》に乗じて、敵人を遂に走らしめんと欲す。之を為《な》すこと奈何《いかん》」

太公曰く、「此《かく》の如《ごと》きものは、我が兵を発して、寇を去ること十里にして、其《そ》の両旁に伏せ、車騎百里にして、其の前後を越え、其の旌旗《せいき》を多くし、その金鼓を益し、戦い合うて鼓譟して倶《とも》に起こらば、敵将必ず恐れ、其の軍驚駭《けいがい》して、衆寡相救わず、貴賤相待たず、敵人必ず敗れん」

2

武王曰く、「敵の地勢、以《もっ》てその両旁に伏《ふく》すべからず。車騎、又、以て其の前後を越ゆることなからんに、敵、我が慮を知りて、先ず其の備を施さば、我が士卒は心傷み、将帥は恐懼し、戦わば則《すなわ》ち勝たざらん。之を為すこと奈何」

太公曰く、「誠なるかな王の問や。此の若《ごと》きものは、戦に先だつこと五日、我が遠候を発し、往きて其の動静を視《み》、審《つまび》らかに其の来たるを候《うかが》い、伏を設けて之を待て。必ず死地に於て、敵と相避け、我が旌旗を遠くし、我が行陣を疎《そ》にし、必ず其の前に奔《はし》りて、敵と相当り、戦い合うて走り、金を撃って止まり、三里にして還るとき、伏兵乃《すなわ》ち起こりて、或《あるい》はその両旁を陥れ、或は其の前後を撃ち、三軍疾《と》く戦わば、敵人必ず走らん」

武王曰く、「善いかな」

第三十八　金鼓

1

武王、太公に問うて曰《いわ》く、「兵を引きて深く諸侯の地に入り、敵と相当りて、天大いに寒く、甚《はなは》だ暑く、日夜霖雨《りんう》して旬日まで止まず。溝塁 悉《ことごと》く壊《やぶ》れ、隘塞《あいそく》、守らず。斥候解《かい》怠《たい》し、士卒、戒《いまし》めざるに、敵人夜来たりて、三軍、備なく、上下惑乱せば、之《これ》を為《な》すこと奈何《いかん》」

太公曰く、「凡《およ》そ三軍は戒を以《もっ》て固と為し、怠を以て敗と為す。我が塁上をして、誰何《すいか》絶えざらしめ、人ごとに旌旗《せいき》を取りて、外内相望み、号を以て相命じて、音を乏しからしむる勿《なか》れ。

而《しこう》して皆、外に向け、三千人を一屯《とん》となし、誡《いまし》めて之を約し、各々《おのおの》、其《そ》の処を慎ましめよ。敵人、若《も》し来たりて、我が軍の警戒を視《み》ば、至るも必ず還らん。力尽き気怠らば、我が鋭士を発して、随《したが》いて之を撃て」

2

武王曰く、「敵人、我が之に随うを知りて、其の鋭士を伏せ、佯《いつわ》り北《に》げて止まらず。伏に遇うて還らんとき、或《あるい》は我が前を撃ち、或は我が後を撃ち、或は我が塁に薄《せま》らば、吾《わ》が三軍、大いに恐れ、擾乱《じょうらん》して次を失い、其の処所を離れん。之を為すこと奈何」

太公曰く、「分ちて三隊となし、随いて之を追いて、其の伏を越ゆること勿れ。三隊倶《とも》に至りて、或は其の前後を撃ち、或はその両旁を陥れ、号を明かにし令を審《つまび》らかにし、疾《と》く撃ちて前《すす》まば、敵人必ず敗れん」

第三十九　絶道

1

武王、太公に問うて曰《いわ》く、「兵を引きて深く諸侯の地に入り、敵と相守りて、敵人、我が糧道を絶ち、又我が前後を越えんに、吾《われ》、戦わんと欲すれば則《すなわ》ち勝つべからず。守らんと欲すれば、則ち久しゅうすべからず。之《これ》を為《な》すこと奈何《いかん》」

太公曰く、「凡《およ》そ深く敵人の境に入りては、必ず地の形勢を察し、努めて便利を求め、山林、険阻、水泉、林木に依りて之が固《かため》を為し、謹みて関梁《かんりょう》を守り、又城邑《じょうゆう》、丘墓、地形の利を知れ。是《かく》の如《ごと》くならば則ち我が軍堅固にして、敵人、我が糧道を絶つこと能《あた》わず、又、我が前後を越ゆること能わじ」

2

武王曰く、「吾《わ》が三軍、大林、広沢、平易の地を過ぐるとき、吾が候望、誤失ありて、卒《にわ》かに敵人と相薄《あいせま》り、以《もっ》て戦わんとすれば則ち勝たず、以て守らんとすれば則ち固からざるに、敵人、我が両旁を翼《おお》い、我が前後を越え、三軍大いに恐るるとき、之を為すこと奈何」

太公曰く、「凡そ師を帥《ひき》いるの法は、当《まさ》に先ず遠候を発して、敵を去ること二百里にして、審《つまび》らかに敵人の在る所を知るべし。

地勢、利あらざれば、則ち武衝を以て塁となして前《すす》み、又、両踵軍《しょうぐん》を後に置き、遠きものは百里、近きものは五十里にせよ。即《も》し警急あらば、前後相知り、吾が三軍、常に完堅にして、必ず毀傷《きしょう》すること無からん」

武王曰く、「善いかな」

第四十　略地

1

武王、太公に問うて曰《いわ》く、「戦勝ちて深く入り、其《そ》の地を略するに、大城の下《くだ》すべからざるあり。其の別軍、険を守りて、我と相拒《あいふせ》ぎ、我、城を攻め邑《ゆう》を囲まんと欲するに、其の別軍、卒《にわ》かに至りて我に薄《せま》り、中外相合して、我が表裏を撃ち、三軍大に乱れ、上下恐駭《きょうがい》せんことを恐る。之《これ》を為《な》すこと奈何《いかん》」

太公曰く、「凡《およ》そ城を攻め邑を囲むには、車騎、必ず遠く屯衛し、警戒して其の外内を阻《へだ》て、中人、糧を絶ち、外、輸《いた》すことを得ざれば、城の人恐怖して、其の将必ず降らん」

2

武王曰く、「中人、糧を絶ち、外、輸《いた》すことを得ざるとき、陰《ひそか》に約誓を為して、相与《あいとも》に密《ひそか》に謀り、夜、窮寇《きゅうこう》を出して死戦し、其《そ》の車騎鋭士、或《あるい》は我が内を衝き、或は我が外を撃ち、士卒迷惑し、三軍敗乱せば、之を為すこと奈何」

太公曰く、「此《かく》の如《ごと》きものは、当《まさ》に軍を分ちて三軍となし、謹みて地形を視《み》て処《お》り、審《つまび》らかに敵人の別軍の在る所、及び其の大城別堡《べっぽう》を知り、之が為めに遺欠《いけつ》の道を置きて、其の心を利し、備を謹みて失うこと勿《な》かるべし。敵人恐懼《きょうく》して、山林に入らずんば、即《すなわ》ち大邑《たいゆう》に帰らん。其の別軍を走らしめて、車騎、遠く其の前を要し、遺脱せしむる勿かれ。中人、以為《おも》えらく、先ず出《い》ずるもの、其の径道を得んと。其の練卒材士、必ず出で、其の老弱独り在らん。

車騎、深く入り長く駆《はし》らば、敵人の軍、必ず敢《あえ》て至ること莫《な》からん。慎みて与《とも》に戦うこと勿かれ。其の糧道を絶ち、囲んで之を守り、必ず其の日を久しくせよ。人の積聚《ししゅう》を燔《や》くこと勿かれ。人の宮室を毀《こぼ》つこと勿かれ。冢樹社叢《ちょうじゅしゃそう》は伐《き》ること勿かれ。降る者は殺すこと勿かれ。得るとも戮《りく》すること勿かれ。之に示すに仁義を以てし、之に施すに厚徳を以てし、其の士民に令して曰《い》え、罪、一人に在りと。此の如くならば則ち天下和服せん」
武王曰く、「善いかな」

第四十一　火戦

1

武王、太公に問うて曰《いわ》く、「兵を引きて深く諸侯の地に入り、深草蓊穢《しんそうおうわい》の吾《わ》が軍の前後左右を周《めぐ》るに遇《あ》いて、三軍行くこと数百里、人馬疲倦《ひけん》して休止するに、敵人、天燥疾風の利に因りて、吾が上風を燔《や》き、車騎、鋭士、堅く我が後に伏し、吾が三軍、恐怖し、散乱して走らば、之《これ》を為《な》すこと奈何《いかん》」

太公曰く、「此《かく》の若《ごと》きものは、則《すなわ》ち雲梯・飛楼を以《もっ》て、遠く左右を望み、謹みて前後を察し、火の起こるを見ば、即《すなわ》ち吾が前を燔きて、之を広延し、また吾が後を燔け。敵人、苟《いやし》くも至らば、即ち軍を引きて却《しりぞ》き、黒地に按じて堅く処《お》れ。

敵人の来たる、猶《な》お吾が後に在らば、火の起るを見て、必ず遠く走らん。吾《われ》、黒地に按じて処り、強弩《きょうど》材士、吾が左右を衛《まも》り、又、吾が前後を燔く、此の若くならば、則ち敵人、我を害すること能《あた》わじ」

2

武王曰く、「敵人、吾が左右を燔き、また吾が前後を燔き、煙、我が軍を覆い、其の大兵、黒地に按じて起こらば、之を為すこと奈何」

太公曰く、「此の若きものは、四武の衝陣を為《つく》りて、強弩、吾が左右を翼《たす》けよ。其の法、勝つことなきも、亦《また》負くることも無からん」

第四十二　塁虚

武王、太公に問うて曰《いわ》く、「何を以《もっ》てか敵塁の虚実と自ら来たり自ら去るとを知らん」

太公曰く、「将は必ず上《かみ》、天道を知り、下《しも》、地理を知り、中《なか》、人事を知り、高きに登り下望して、以て敵の変動を観《み》、其《そ》の塁を望めば、則《すなわ》ち其の虚実を知り、其の士卒を望めば、則ち其の去来を知る」

武王曰く、「何を以てか之《これ》を知らん」

太公曰く、「其の鼓を聴くに音なく、鐸《たく》に声なく、其の塁上を望むに、飛鳥多くして驚かず、上に氛気《ふんき》なきは、必ず敵詐《いつわ》りて偶人たるを知るなり。

敵人卒《にわ》かに去りて遠からず、未《いま》だ定まらずして復《ま》た反《かえ》るもの、彼、其の士卒を用うること太《はなは》だ疾《はや》きなり。太だ疾ければ、則ち前後相次《あいつ》がず、相次がざれば、則ち行陣必ず乱る。此《かく》の如《ごと》きものは、急に兵を出して之を撃て。少を以て衆を撃つとも、則ち必ず敗れん」

豹

韜

第四十三　林戦

武王、太公に問うて曰《いわ》く、「兵を引きて深く諸侯の地に入り、大林に遇いて、敵人と林を分ちて相拒《ふせ》ぐに、吾《わ》れ以《もっ》て守れば則《すなわ》ち固く、以て戦えば則ち勝たんと欲す。之《これ》を為《な》すこと奈何《いかん》」

太公曰く、「吾が三軍をして分ちて衝陣と為し、兵をして処《お》るところに便ならしめ、弓《きゅう》弩《ど》を表と為し、戟楯《げきじゅん》を裏と為し、草木を斬除し、極めて吾が道を広くし、以て戦所を便にし、高く旌旗《せいき》を置き、謹みて三軍を勅《いまし》め、敵人をして吾が情を知らしむるなかれ。是《こ》れを林戦という。

林戦の法は、吾が矛戟《ぼうげき》を率いて相ともに伍となし、林間の木疎ならば、騎を以て輔《たす》けとなし、戦車は前に居り、便を見れば則《すなわ》ち戦い、便を見ざれば則ち止む。林に険阻多ければ、必ず衝陣を置き、以て前後に備えよ。三軍疾《と》く戦わば、敵人衆《おお》しと雖《いえど》も、その将走らすべし。更《かわる》がわる戦い、更がわる息《いこ》いて、各々《おのおの》、その部を按ず。これを林戦の紀という」

第四十四　突戦

1

武王、太公に問うて曰《いわ》く、「敵人深く入り、長駆して我が地を侵掠し、我が牛馬を駆り、その三軍大いに至って、吾《わ》が城下に薄《せま》り、吾が士卒大いに恐れ、人民、係累せられて、敵の虜《とりこ》にする所となる。吾れ以《もっ》て守れば則《すなわ》ち固く、以て戦えば則ち勝たんと欲す。之《これ》を為《な》すこと奈何《いかん》」

太公曰く、「此《かく》の如《ごと》きものは、これを突兵と謂《い》う。其《そ》の牛馬必ず食を得ず、士卒、糧を絶たん。暴《にわ》かに撃ちて前《すす》み、我が遠邑《えんゆう》の別軍をして、其の鋭士を選び、疾《と》くその後を撃たしめ、其の期日を審《つまび》らかにし、必ず晦《かい》に会して、三軍、疾《と》く戦わば、敵人衆《おお》しと雖《いえど》も、その将、虜にすべし」

2

武王曰く、「敵人、分ちて三四となし、或《あるい》は戦いて我が地を侵掠し、或は止まりて我が牛馬を収め、その大軍、未《いま》だ尽《ことごと》く至らずして、寇《あだ》をして我が城下に薄らしめ、吾が三軍の恐懼《きょうく》を致す。之を為すこと奈何」

太公曰く、「謹みて敵人を候《うかが》い、未だ尽く至らざれば、則ち備を設けて以て之を待ち、城を去ること四里にして塁を為《つく》り、金鼓旌旗《せいき》は、皆列して張れ。別隊は伏兵と為りて、我が塁上に多く強弩《きょうど》を積ましめ、百歩に一の突門あり、門に行馬あり。車騎は外に居《お》き、勇力鋭士は隠伏して処《お》け。

敵人もし至らば、我が軽卒をして戦を合わせ佯《いつわ》り走らしめ、我が城上に旌旗を立て、鼙《へい》鼓《こ》を撃ち、完《まった》く守備を為さしめば、敵人、我れを以て城を守ると為して、必ず我が城下に薄らん。吾が伏兵を発して、以て其の内を衝き、或は其の外を撃ち、三軍疾く戦い、或は其の前を撃ち、或は其の後を撃たば、勇者も闘うを得ず、軽者も走るに及ばず。名づけて突戦と曰う。敵人衆しと雖も、其の将、必ず走らん」

武王曰く、「善いかな」

第四十五　敵強

1

武王、太公に問うて曰《いわ》く、「兵を引きて深く諸侯の地に入り、敵人の衝軍と相当る。敵は衆《おお》くして我は寡《すく》なく、敵は強くして我は弱し。敵人、夜来たりて、或《あるい》は吾《わ》が左を攻め、或は吾が右を攻め、三軍、震動す。吾以《われもっ》て戦えば則《すなわ》ち勝ち、以て守れば則ち固からんと欲す。之《これ》を為《な》すこと奈何《いかん》」

太公曰く、「此《かく》の如《ごと》きは、之を震寇《しんこう》と謂《い》う。以て出でて戦《い》うに利あり。以て守るべからず。吾が材士、強弩《きょうど》、車騎を選んで左右となし、疾《と》くその前を撃ち、急にその後を攻め、或はその表を撃ち、或はその裏を撃たば、その卒必ず乱れ、その将必ず駭《おどろ》かん」

2

武王曰く、「敵人、遠く我が前を遮《さえぎ》り、急に我が後を攻め、我が鋭兵を断ち、我が材士を絶ち、吾が内外相聞くことを得ず。三軍擾乱《じょうらん》し、皆敗れて走り、士卒に闘志無く、将吏に守心無くんば、之を為すこと奈何」

太公曰く、「明かなるかな王の問いや。当《まさ》に号を明かにし、令を審《つまび》らかにすべし。我が勇鋭冒将の士を出だし、人ごとに炬火《きょか》を操《と》り、二人、同じく鼓し、必ず敵人の在るところを知り、或はその表裏を撃つ。微号して相知り、之をして火を滅し、鼓音を皆止め、中外相応じ、期約皆当たらしめ、三軍、疾く戦わば、敵必ず敗亡せん」

武王曰く、「善いかな」

第四十六　敵武

1

武王、太公に問うて曰《いわ》く、「兵を引き深く諸侯の地に入り、卒《にわ》かに敵人に遇うに、甚《はなは》だ衆《おお》くして且《か》つ武なり。武車驍騎《ぎょうき》、我が左右を繞《めぐ》り、吾《わ》が三軍、皆、震《おそ》れ、走りて止まるべからず。之《これ》を為《な》すこと奈何《いかん》」

太公曰く、「此《かく》の如《ごと》きものは、之を敗兵と謂《い》う。善くするものは以《もっ》て勝ち、善くせざるものは以て亡ぶ」

2

武王曰く、「之を為すこと奈何」

太公曰く、「吾が材士強弩《きょうど》を伏せ、武車驍騎これが左右となり、常に前後を去ること三里。敵人、我を逐《お》わば、吾が車騎を発して、その左右を衝け。此の如くならば則《すなわ》ち敵人、擾乱《じょうらん》して、吾が走るもの、自ら止《とど》まらん」

3

武王曰く、「敵人、我が車騎と相当り、敵は衆《おお》く我は少なく、敵は強く我は弱く、その来たること整治精鋭にして、吾が陣、敢《あ》えて当らず。之を為すこと奈何」

太公曰く、「我が材士強弩を選び左右に伏せ、車騎堅く陣して処《お》れ。敵人、我が伏兵を過ぐれば、積弩その左右を射、車騎鋭兵、疾《と》くその軍を撃ち、或はその前を撃ち、或はその後を撃たば、敵人、衆しと雖《いえど》も、その将必ず走らん」

武王曰く、「善いかな」

第四十七　烏雲山兵

1

武王、太公に問うて曰《いわ》く、「兵を引きて深く諸侯の地に入り、高山磐石に遇い、其《そ》の上は亭々として草木あるなく、四面に敵を受け、吾《わ》が三軍恐懼《きょうく》し、士卒迷惑す。吾以《われもっ》て守らば則《すなわ》ち固く、以て戦わば則ち勝たんと欲す。之《これ》を為《な》すこと奈何《いかん》」

太公曰く、「凡《およ》そ三軍、山の高きに処《お》れば、則ち敵の為に棲《す》ませられ、山の下《ひく》きに処ればば、則ち敵の為に囚《とら》わる。すでに以て山を被《こうむ》りて処らば、必ず烏雲の陣を為《つく》れ。烏雲の陣は、陰陽皆備え、或《あるい》は其の陰に屯し、或は其の陽に屯す。山の陽に処らば、山の陰に備え、山の陰に処らば、山の陽に備え、山の左に処らば、山の右に備え、山の右に処らば、山の左に備え、敵の能《よ》く陵《しの》ぐところならば、兵その表に備えよ。衢道《くどう》通谷は絶つに武車を以てし、高く旌旗《せいき》を置き、謹みて三軍を勅《ちょく》して、敵人をして吾が情を知らしむるなかれ。これを山城と謂《い》う。

2

行列已《すで》に定まり、士卒已に陣し、法令已に行われ、奇正已に設け、各々《おのおの》衝陣を山の表に置きて、兵の処るところを便にし、乃ち車騎を分ちて烏雲の陣を為り、三軍疾《と》く戦わば、敵人衆《おお》しと雖《いえど》も、その将、擒《とりこ》にすべし」

第四十八　烏雲沢兵

1

武王、太公に問うて曰《いわ》く、「兵を引きて深く諸侯の地に入り、敵人と水に臨みて相拒《ふせ》ぐに、敵は富んで衆《おお》く、我は貧しくして寡《すくな》し。水を踰《こ》えてこれを撃たんとするも、前《すす》む能《あた》わず。その日を久しくせんと欲せば、則《すなわ》ち糧食少なし。吾《われ》、斥鹵《せきろ》の地に居て、四旁に邑《ゆう》なく、また草木なく、三軍、掠め取るところ無く、牛馬も芻牧《すうぼく》するところなし。之《これ》を為《な》すこと奈何《いかん》」

太公曰く、「三軍、備えなく、牛馬、食なく、士卒、糧なし。此《かく》の如《ごと》きものは、便を索《もと》めて敵を詐《いつわ》り、亟《すみや》かにこれを去り、伏兵を後に設けよ」

武王曰く、「敵、得て詐るべからず。吾《わ》が士卒、迷惑し、敵人、吾が前後を越え、吾が三軍敗れて走らば、之を為すこと奈何」

太公曰く、「途《みち》を求むる道は、金玉を主と為す。必ず敵の使いに因り、精微なるを宝と為す」

2

武王曰く、「敵人、我が伏兵を知りて、大軍、肯《あえ》て済《わた》らず。別将、隊を分ちて以て水を踰え、吾が三軍大いに恐る。之を為すこと奈何」

太公曰く、「此の如きは、分ちて衝陣を為《つく》り、兵の処《お》るところを便にせよ。その畢《ことごと》く出《い》ずるを須《ま》ち、吾が伏兵を発して、疾《と》くその後を撃て。強弩《きょうど》は両旁《りょうぼう》よりその左右を射、車騎は分ちて鳥雲の陣を為して、その前後を備えて、三軍疾く戦え。敵人、我が戦い合うを見て、その大軍は必ず水を済りて来たらん。我が伏兵を発して、疾くその後を撃ち、車騎はその左右を衝け。敵人、衆しと雖《いえど》も、その将走らすべし。

3

凡《およ》そ兵を用うるの大要は、敵に当り戦に臨むに、必ず衝陣を置き、兵の処《お》るところを便にし、然《しか》る後に車騎を以《もっ》て分ちて、鳥雲の陣を為る。これ用兵の奇なり。所謂《いわゆる》鳥雲とは、鳥のごとく散じ、雲のごとく合い、変化窮まりなきものなり」

武王曰く、「善いかな」

第四十九　少衆

1

武王、太公に問うて曰《いわ》く、「吾《われ》、少を以《もっ》て衆を撃ち、弱を以て強を撃たんと欲す。之《これ》を為《な》すこと奈何《いかん》」

太公曰く、「少を以て衆を撃つは、必ず日の暮を以て、深草に伏し、之を隘路《あいろ》に要し、弱を以て強を撃つは、必ず大国の与《たすけ》と隣国の助《たすけ》を得よ」

2

武王曰く、「我に深草なく、また隘路なし。敵人すでに至り、日の暮に適《あた》らず、我に大国の与《くみ》するなく、また隣国の助けなし。之を為すこと奈何」

太公曰く、「妄《みだ》りに張り、詐《いつわ》り誘い、以て其《そ》の将を熒惑《けいわく》し、其の途を迂《ま》げて深草を過《よぎ》らしめ、其の路を遠くして日暮に会わしむ。

前行いまだ水を渡らず、後行いまだ舎に及ばざるに、我が伏兵を発して、疾《と》く其の左右を撃ち、車騎は其の前後を擾乱《じょうらん》せば、敵人、衆《おお》しと雖《いえど》も、其の将走らすべし。

大国の君に事《つか》え、隣国の士に下り、其の幣を厚くし、其の辞を卑《ひく》くす。此の如《ごと》くなれば、則《すなわ》ち大国の与と隣国の助を得ん」

武王曰く、「善いかな」

第五十　分険

1

武王、太公に問うて曰《いわ》く、「兵を引き深く諸侯の地に入り、敵人と険阨《けんあい》の中に相遇《あ》う。吾《われ》は山を左にし、水を右にして、敵は山を右にし、水を左にして、我と険を分ちて相拒《ふせ》ぐ。吾以《もっ》て守らば則《すなわ》ち固く、以て戦わば則ち勝たんと欲す。之《これ》を為《な》すこと奈何《いかん》」

太公曰く、「山の左に処《お》らば、急に山の右に備え、山の右に処らば、急に山の左に備えよ。険に大水ありて舟楫《しゅうしゅう》なき者は、天潢《てんこう》を以て吾が三軍を済《わた》せ。すでに済らば亟《すみや》かに吾が道を広め、以て戦所を便にし、武衝を以て前後となし、その強弩《きょうど》を列《つら》ね、行陣をしてみな固からしめ、衢道《くどう》、谷口は武衝を以てこれを絶ち、高く旌旗《せいき》を置く。これを軍城という。

2

凡《およ》そ険戦の法は、武衝を以て前と為し、大櫓《たいろ》を衛と為し、材士強弩は吾が左右を翼《たす》く。三千人を一屯と為し、必ず衝陣を置き、兵の処《お》るところを便にす。左軍は以て左し、右軍は以て右し、中軍は以て中にす。並び攻めて前《すす》み、已《すで》に戦うものは屯所に還帰し、更《かわる》がわる戦い、更がわる息《いこ》い、必ず勝ちてすなわち已《や》む」

武王曰く、「善いかな」

犬韜

第五十一　分合

武王、太公に問うて曰《いわ》く、「王者は師を帥《ひき》いて、三軍を分かちて数処と為《な》し、将、合戦を期会し、賞罰を約誓せんと欲す。之《これ》を為すこと奈何《いかん》」

太公曰く、「凡《およ》そ兵を用うるの法は三軍の衆もて、必ず分合の変有り。其《そ》の大将は先ず戦地、戦日を定め、然《しか》る後に檄書《げきしょ》を移し、諸《もろもろ》の将吏と期す。

城を攻め邑《ゆう》を囲むに、各々《おのおの》其の所に会せしめ、明かに戦日を告げ、漏刻に時有り。大将は営を設けて陣し、表を轅門《えんもん》に立て、道を清めて待つ。諸の将吏の至る者は、其の先後を校《かんが》え、期に先んじて至る者は賞し、期に後れて至る者は斬《き》る。此の如《かく》くなれば則《すなわ》ち遠近来り集り、三軍倶《とも》に至りて、力を併せて合戦す」

第五十二　武鋒

武王、太公に問うて曰《いわ》く、「凡《およ》そ兵を用うるの要は、必ず武車、驍騎《ぎょうき》、馳陣《ちじん》、選鋒《せんぽう》有り。可なるを見れば則《すなわ》ち之《これ》を撃つ。如何《いか》にして撃つべきか」

太公曰く、「夫《そ》れ撃たんと欲する者は、当《まさ》に審《つまび》らかに敵人の十四変を察すべし。変見えれば則ち之を撃つ。敵人必ず敗れん」

武王曰く、「十四変、聞くを得べきか」

太公曰く、「敵人新たに集まるを、撃つべし。人馬未《いま》だ食わざるを、撃つべし。天時、順ならざるを、撃つべし。地形、未だ得ざるを、撃つべし。奔走するを、撃つべし。戒めざるを、撃つべし。疲労するを、撃つべし。将の士卒と離るるを、撃つべし。長路を渉《わた》るを、撃つべし。水を済《わた》るを、撃つべし。暇《いとま》あらざるを、撃つべし。阻難狭路なるを、撃つべし。行《こう》を乱すを、撃つべし。心怖るるを、撃つべし」

第五十三　練士

武王、太公に問うて曰《いわ》く、「練士の道は奈何《いかん》」

太公曰く、「軍中に、大勇力の、死するを敢《あ》えて傷つくを楽しむ者有れば、聚《あつ》めて一卒と為《な》し、名づけて冒刃《ぼうじん》の士と曰《い》う。鋭気、壮勇、強暴なる者有れば、聚めて一卒と為し、名づけて陥陣《かんじん》の士と曰う。奇表にして長剣、武《あと》を接して列を斉《ひと》しくする者有れば、聚めて一卒と為し、名づけて勇鋭の士と曰う。距を抜《ひら》きて鉤《こう》を伸べ、強梁にして多力、金鼓を潰《かい》破《は》して、旌旗《せいき》を絶滅する者有れば、聚めて一卒と為し、名づけて勇力の士と曰う。

高きを踰《こ》えて遠きを絶《わた》り、軽足にして善く走る者有れば、聚めて一卒と為し、名づけて寇兵の士と曰う。王臣の勢を失い、復《ま》た功を見《あら》わさんと欲する者有れば、聚めて一卒と為し、名づけて死闘の士と曰う。死将の人の子弟にして、其《そ》の将の為に仇を報ぜんと欲する者有れば、聚めて一卒と為し、名づけて死憤の士と曰う。貧窮にして忿怒し、其の志を快くせんと欲する者有れば、聚めて一卒と為し、名づけて必死の士と曰う。

贅壻《ぜいせい》、人虜の迹《あと》を掩《おお》いて名を揚げんと欲する者有れば、聚めて一卒と為し、名づけて励鈍の士と曰う。胥靡《しょび》、免罪の人にして、其の恥を逃れんと欲する者有れば、聚めて一卒と為し、名づけて幸用の士と曰う。材技の人を兼ね、能《よ》く重きを負いて遠きを致す者有れば、聚めて一卒と為し、名づけて待命の士と曰う。

此《こ》れ軍の練士にして、察せざるべからざるなり」

第五十四　教戦

武王、太公に問うて曰《いわ》く、「三軍の衆を合し、士卒をして教戦の道を服習せしめんと欲す、奈何《いかん》」

太公曰く、「凡《およ》そ三軍を領するに、必ず金鼓の節有るは、士衆を整斉する所以《ゆえん》の者なり。将は必ず先ず明かに吏士に告げ、之《これ》を申《かさ》ぬるに三令を以《もっ》てし、以て操兵、起居、旌旗《せいき》、指麾《しき》の変法を教う。

故に吏士に教え、一人をして戦を学ばしめ、教え成れば、之を十人に合す。十人、戦を学び、教え成れば、之を百人に合す。百人、戦を学び、教え成れば、之を千人に合す。千人、戦を学び、教え成れば、之を万人に合す。万人、戦を学び、教え成れば、之を三軍の衆に合す。大戦の法、教え成れば、之を百万の衆に合す。故に能《よ》く其《そ》の大兵を成して、威を天下に立つ」

武王曰く、「善いかな」

第五十五　均兵

1

武王、太公に問うて曰《いわ》く、「車を以《もっ》て歩卒と戦わば、一車は幾歩卒に当たり、幾歩卒は一車に当たるか。騎を以て歩卒と戦わば、一騎は幾歩卒に当たり、幾歩卒は一騎に当たるか。車を以て騎と戦わば、一車は幾騎に当たり、幾騎は一車に当たるか」

太公曰く、「車は軍の羽翼なり。堅陣を陥れ、強敵を要し、走北を遮《さえぎ》る所以《ゆえん》なり。騎は軍の伺候なり。敗軍を踵《お》い、糧道を絶ち、便寇を撃つ所以なり。故に車騎は敵せずして戦わば、則《すなわ》ち一騎は歩卒一人に当たる能《あた》わず。三軍の衆、陣を成して相当たれば、則ち易戦の法なり。一車は歩卒八十人に当たり、八十人は一車に当たる。一騎は歩卒八人に当たり、八人は一騎に当たる。一車は十騎に当たり、十騎は一車に当たる。険戦の法は、一車は歩卒四十人に当たり、四十人は一車に当たる。一騎は歩卒四人に当たり、四人は一騎に当たる。一車は六騎に当たり、六騎は一車に当たる。夫《そ》れ車騎なる者は軍の武兵なり。十乗は千人を敗り、百乗は万人を敗る。十騎は百人を走らせ、百騎は千人を走らす。此《こ》れ其《そ》の大数なり」

2

武王曰く、「車騎の吏数、陣法は奈何《いかん》」

太公曰く、「車に置くの吏数は、五車に一長、十車に一吏、五十車に一率《すい》、百車に一将なり。易戦の法には、五車を列と為《な》し、相去ること四十歩、左右十歩、隊間六十歩なり。険戦の法には、車は必ず道に循《したが》い、十車を聚と為し、二十車を屯と為し、前後相去ること二十歩、左右六歩、隊間三十六歩なり。五車に一長あり、縦横相去ること一里、各々《おのおの》の故道に返る。

騎に置くの吏数は、五騎に一長、十騎に一吏、百騎に一率、二百騎に一将なり。易戦の法には、五騎を列と為し、前後相去ること二十歩、左右四歩、隊間五十歩なり。険戦には、前後相去ること十歩、左右二歩、隊間二十五歩なり。三十騎を一屯と為し、六十騎を一輩と為し、十騎に一吏あり。縦横相去ること百歩、周還《しゅうせん》して各々故処に復《かえ》る」

武王曰く、「善いかな」

第五十六　武車士

武王、太公に問うて曰《いわ》く、「車士を選ぶこと、奈何《いかん》」

太公曰く、「車士を選ぶの法は、年は四十以下、長《たけ》は七尺五寸以上、走りては能く奔馬を逐《お》い、及び馳《は》せて之《これ》に乗り、前後左右、上下周旋し、能く旌旗《せいき》を束縛し、力は能《よ》く八石の弩《ど》を轂《ひ》き、前後左右を射て、皆便習する者を取る。名づけて武車の士と曰《い》う。厚からざるべからざるなり」

第五十七　武騎士

武王、太公に問うて曰《いわ》く、「騎士を選ぶこと、奈何《いかん》」

太公曰く、「騎士を選ぶの法は、年四十以下、長七尺五寸以上、壮健捷疾《しょうしつ》にして、倫等を超絶し、能《よ》く馳騎轂射《こうしゃ》し、前後左右、周旋進退し、溝塹を越え、丘陵に登り、険阻を冒《おか》し、大沢を絶《わた》り、強敵に馳《は》せ、大衆を乱す者を取り、名づけて武騎の士と曰《い》う。厚からざるべからざるなり」

第五十八　戦車

1

武王、太公に問うて曰《いわ》く、「戦車は、奈何《いかん》」
太公曰く、「歩は変動を知るを貴び、車は地形を知るを貴び、騎は別径奇道を知るを貴ぶ。三軍は名を同じうするも、用を異にするなり。凡《およ》そ車の戦には、死地十有り、その勝地八有り」

2

武王曰く、「十死の地とは、奈何」
太公曰く、「往《ゆ》きて以《もっ》て還る無きものは、車の死地なり。険阻を越絶し、敵の遠行に乗ずるものは、車の竭地《けっち》なり。前は易《やす》く後は険しきものは、車の困地なり。之《これ》を険阻に陥れて出《い》で難《がた》きものは、車の絶地なり。

圮下《ひか》漸沢《ぜんたく》、黒土《こくど》黏埴《ねんしょく》なるものは、車の労地なり。険を左にし、易を右にし、陵《おか》に上り阪を仰ぐものは、車の逆地なり。殷草《いんそう》の畝《ほ》に横たわり、浚沢《しゅんたく》を犯歴するものは、車の払《ふっ》地《ち》なり。車少なく地易く、歩と敵せざるものは、車の敗地なり。後に溝瀆《こうとく》有り、左に深水有り、右に峻阪《しゅんぱん》有るものは、車の壊地なり。日夜霖雨《りんう》ありて、旬日止まず、道路潰陥《かいかん》して、前に進む能《あた》わず、後に解く能わざるものは、車の陥地なり。

此《こ》の十なるものは、車の死地なり。故に拙将の擒《とりこ》にせらるる所以《ゆえん》にして、明将の能《よ》く避くる所以なり」

3

武王曰く、「八勝の地とは、奈何」

太公曰く「敵の前後、行陣、未《いま》だ定まらざるは、即《すなわ》ち之を陥れよ。旌旗《せいき》擾乱《じょうらん》し、人馬数々《しばしば》動くは、即ち之を陥れよ。士卒の或《あるい》は前《すす》み或は後《おく》れ、或は左し或は右するは、即ち之を陥れよ。

陣の堅固ならず、士卒の前後に相顧《あいかえり》みるは、即ち之を陥れよ。前に往きては疑い、後易地に戦い、暮に解く能《あた》わざるは、に往きては怯《おび》ゆるは、即ち之を陥れよ。三軍卒《にわか》に驚き、皆薄《せま》りて起つは、即ち之を陥れよ。遠く行きて暮に舎《しゃ》し、三軍恐懼《きょうく》するは、即ち之を陥れよ。此の八なる者は、車の勝地なり。

将の十害八勝に明らかなれば、敵は周囲すること千乗万騎なりと雖《いえど》も、前に駆り旁《かたわら》に馳《は》せ、万戦して必勝せん」

武王曰く、「善いかな」

第五十九　戦騎

1

武王、太公に問うて曰《いわ》く、「戦騎は、奈何《いかん》」

太公曰く、「騎に十勝九敗有り」

武王曰く、「十勝とは、奈何」

太公曰く、「敵人、始めて至り、行陣、未《いま》だ定まらず、前後属《つづ》かざれば、其《そ》の前騎を陥れ、其の左右を撃たば、敵人は必ず走らん。敵人の行陣、整斉堅固にして、士卒は闘わんと欲すれば、吾《わ》が騎は翼して去らしむる勿《な》く、或《あるい》は馳《は》せて往《ゆ》き、或は馳せて来たり、其の疾《はや》きこと風の如《ごと》く、その暴《にわか》なること雷の如く、白昼なるに昏《くれ》の如くし、数々《しばしば》旌旗《せいき》を更《か》え、衣服を変易せよ。其の軍は克《か》つべし。

敵人の行陣は固からず、士卒は闘わざれば、其の前後に薄《せま》り、其の左右を猟《か》り、翼《おお》いて之《これ》を撃て。敵人は必ず懼《おそ》れる。

敵人、暮に舎に帰らんと欲し、三軍恐駭《きょうがい》すれば、其の両旁を翼い、疾《と》く其の後を撃ち、其の塁口に薄りて、入るを得しむる無かれ。敵人は必ず敗る。

敵人に険阻保固《ほうこ》無きに、深く入りて長駆すれば、其の糧道を絶て。敵人は必ず餓《う》えん。敵人、地、平かにして易なるに、四面に敵を見れば車騎、之を陥れよ。敵人は必ず乱る。敵人、奔走し、士卒、散乱すれば、或は其の両旁を翼い、或は其の前後を掩《おお》う。其の将は擒《とりこ》にすべし。

敵人、暮に返り、其の兵甚《はなは》だ衆《おお》ければ、其の行陣は必ず乱る。我が騎十をして隊を為《な》し、百をして屯を為し、車五にして聚を為し、十をして群を為さしめ、多く旌旗を設け、雑《まじ》うるに強弩《きょうど》を以《もっ》てし、或は其の両旁を撃ち、或は其の前後を絶て。敵将は虜とすべし。此《こ》れ騎の十勝なり」

2

武王曰く、「九敗とは、奈何」

太公曰く、「凡《およ》そ騎を以て敵を陥れるに、陣を破る能《あた》わず、敵人、佯《いつわ》りて走り、車騎を以て返り、我が後を撃つ。此れ騎の敗地なり。

北《に》ぐるを追いて険を踰《こ》え、長駆して止まず、敵人は我が両旁に伏し、又我が後を絶つ。此れ騎の囲地《いち》なり。

往きて以て返る無く、入りて以て出《い》ずる無し。是《これ》を天井《てんせい》に陥り、地穴に頓《とん》すと謂《い》う。此れ騎の死地なり。

従《よ》りて入る所の者は隘《せま》く、従りて出ずる所の者は遠く、彼は弱くして以て我が強を撃つべく、彼は寡《すくな》くして以て我が衆を撃つべし。此れ騎の没地なり。

大澗《たいかん》の深谷、翳茂《えいぼう》の林木は、此れ騎の竭地《けっち》なり。

左右に水有り、前に大阜《たいふ》有り、後に高山有りて、三軍は両水の間に戦い、敵は表裏に居る。此れ騎の艱地《かんち》なり。

敵人、我が糧道を絶ち、往きて以て還る無し。此れ騎の困地なり。

汙下沮沢《おかしょたく》は、進退漸洳《ぜんじょ》たり。此れ騎の患地なり。左に深溝有り、右に坑阜有り、高下あるも平地の如く、進退して敵を誘う。此れ騎の陥地《かんち》なり。

此の九なる者は、騎の死地なり。明将の遠く避くる所以《ゆえん》にして、闇将の陥敗する所以なり。

第六十　戦歩

武王、太公に問うて曰《いわ》く、「歩兵、車騎と戦わば、奈何《いかん》」

太公曰く、「歩兵と車騎と戦えば、必ず丘陵険阻に依り、長兵強弩《きょうど》は前に居らしめ、短兵弱弩は後に居らしめ、更《こも》ごも発し更ごも止む。敵の車騎、衆《おお》くして至ると雖《いえど》も、陣を堅めて疾《と》く戦い、材士強弩、以《もっ》て我が後に備えよ」

武王曰く、「吾《われ》に丘陵無く、又険阻無く、敵人の至るや、既《すで》に衆くして且《か》つ武なり。車騎は我が両旁を翼《おお》い、我が前後を獵《か》らば、吾《わ》が三軍は恐怖し、乱敗して走らん。之《これ》を為《な》すこと奈何」

太公曰く、「我が士卒をして行馬、木蒺藜《しつれい》を為《つく》らしめ、牛馬の隊伍を置き、四武の衝陣を為り、敵の車騎の将に来たらんとするを望みて、均しく蒺藜を置き、地を掘り後に匝《めぐ》らすこと、広深五尺、名づけて命籠《めいろう》と曰《い》う。人は行馬を操りて進退し、車を闌《さえぎ》りて以て塁と為す。推して前後し、立てて屯と為し、材士強弩もて、我が左右に備え、然《しか》る後に、我が三軍をして皆疾く戦わしめよ。必ず解けん」

武王曰く、「善いかな」

解説

竹内　実

『六韜《りくとう》』を愛読したひとは、むかしから絶《た》えなかった。『三国志』の英雄曹操《そうそう》もしばしばこれに智慧《ちえ》をかりていただろう。

というのも、曹操は、これも兵法の書である『孫子《そんし》』に注釈をつけているからである。誰かが曹操の名を借りたのかもしれないが、いちども『六韜』に眼をとおさなかったとは、考えられない。

曹操を相手に、主君の劉備《りゅうび》を奉じて善戦した孔明《こうめい》、諸葛亮《しょかつりょう》にいたっては、なおさらである。赤壁《せきへき》のたたかいで、かれは曹操に大勝するが、火攻《ひぜ》めの計は『六韜』にもとりあげられている。『六韜』は火攻めにあったとき、どのようにこれを防ぐかについてのべるが、それは逆に、曹操側の反撃を予測するのに役立ったはずである。いまからみても、反撃の可能性は、ほとんどなかった。

孔明はしばしば伏兵の戦術で勝っているが、この伏兵も『六韜』によくでてくる。

かれはそこで死ぬことになる五丈原に本陣をおく。五丈原は崖の高さ約一五〇メートル、南端が秦嶺山脈の碁盤山《きばんざん》につながり、ほかの三方はすべて絶壁、北方に渭水《いすい》平原をみおろす高い台地である。『六韜』には、こうしるす。

・敵の不意打《ふいう》ちを避けるには、高地に陣をかまえる（一一五ページ）

魏の遠征軍を捕捉殲滅して平原を東につっぱしり、長安を占領する、ついで中原をねらい、さらに、呉を魏に侵入させ、魏軍の本隊を壊滅《かいめつ》させる、というのが孔明の戦略だった。ところが、遠征軍の総大将、司馬懿《しばい》は平原に陣地をかまえ、いっこうにうって出ようとしない。

孔明は女の衣裳を司馬懿のもとにとどけた。女のような臆病ものと嘲ったのである。これも『六韜』にみられる計略で、

・猪勇の敵将は挑発し、激怒させて、無謀なたたかいをさせる
・度量のせまい敵将は侮辱し、怒らせる（九〇ページ）

と、ある。しかし司馬懿は挑発にのらず、侮辱にもたえて出陣せず、魏にむかった呉軍

は敗退、孔明は五丈原上に死ぬのである。

さて、『六韜』は戦争の戦術ばかりではなく、戦争の準備についてものべ、むしろ平和時の体制づくりを重視している。そうすると、これはもう政治の問題である。クラウゼヴィッツの「戦争は政治の延長である」という名言を想起させるが、ここではたちいらない。

日本にも『六韜』をはじめとする兵書はつたえられ、軍学者や兵法指南がいた。豊臣氏に味方して活躍した真田幸村《さなだゆきむら》や、主君の仇《あだ》を討《う》った赤穂四十七士の大石内蔵之助も、おそらく『六韜』を愛読しただろう。

桶狭間のたたかいで今川義元を討ちとって、一躍して天下制覇《せいは》のスタートをきった織田信長の、そのときのたたかいぶりは、『六韜』のおしえそのものである。

- 暴風雨は敵軍を不意打ちするのに好都合である（一一四ページ）
- 敵がいくさをしかけてくるのを察知し、先手《せんて》をうつ（五七ページ）
- 疲労して夜営したところを攻めれば、十倍の敵に勝つ（一一四ページ）

手兵がととのうのをまたず、信長は馬に鞭うって奇襲したといわれるが、これだけの必勝の条件がそろっていたのである。

絶好のチャンスをのがすな。かれは本能的にさとったのかもしれない。そうだとすれば、天才である。もし『六韜』を読んでいたとすればなおのこと、いよいよ必勝の信念にもえて攻撃、突入したのだろう。

有名人の有名な戦争にかぎらない。世の中、負けたくない相手は誰にでもいる。しかし相手は手強《てごわ》い。もしくは、誰にも達成したい（達成しなければならない）目標がある。ところが障害物がある。

このような相手や障害物に、どのように勝ち、障害物をとりのぞくか。

考えをめぐらすうち、たまたま『六韜』を手にし、これをひらいたひとは、おどろくだろう。国と国との関係でのべられたおしえではあるが、個人の関係にも思いつきや暗示をあたえてくれるからである。

ただし、正面から攻めるのではなく、わきからである。信長も正攻法ではなかった。つまりは謀略《ぼうりやく》である。

すなわち――

- 譃言《きょげん》や阿諛諂佞《あゆてんねい》によって虚栄心をくすぐる
- 賄賂《わいろ》をおくって買収し懐柔《かいじゅう》する
- 自己卑下《じこひげ》し面従腹背《めんじゅうふくはい》、相手の圧力をきりぬける
- ついには相手の側近《そっきん》にとりいって謀叛《むほん》を挑発《ちょうはつ》する（七〇―七四ページ）

現代にあっては、贈賄《ぞうわい》、収賄、ともに犯罪であるが、これは禹域《うゐき》（禹《う》という聖人が洪水を治めた地域）のむかしのおはなしである。しばらく、耳をかたむけよう。

さらによみすすむなら、つぎのようにしるされている。

- 強大な敵は、これを煽動して、ますます増長《ぞうちょう》させ、高慢《こうまん》にさせる
- 寵臣や愛人に接近し、かれらが欲するものをあたえる
- 美女をあたえて色欲におぼれさせる。美味を食《くら》わせ、音曲に耽《ふけ》らせる
- 人民は牛や馬だから、飲食物をあたえて手なずける（七七―七九ページ）

これらは、あまりに露骨だと反撥《はんぱつ》するむきがあるのではないか。ウソをいいなさい、オベッカをつかい、ゴマをすりなさい、ワイロを進呈し色仕掛《じか》けもこころみなさい。……国家がらみの謀略だとはいえ、悪趣味だ。

ところが、このような反撥を予知してか、さきまわりしてそれをおさえるかのように、つぎのようにものべている。

- 人を集めて家とし、家を集めて国とし、国を集めて天下とする（六七ページ）

・国家を安泰にするには、君主は賢明でなければならない（二五ページ）
・功労は褒《ほ》め、罪があれば罰をあたえる（五四ページ）
・人民を愛する（二九ページ）
・賢者を尊ぶ（四六ページ）
・度量、信義、仁愛、恩恵、権力、信念をそなえる（七五―七六ページ）

人から家へ、家から国家へ、国家から天下へ、しだいに段階をあげて、自分もこれに対応する。しかし基礎は道徳である。道徳を身につけ、これを自分の実力とせよ。

これが儒教、孔子《こうし》、孟子《もうし》のおしえである。

古代にあって、個人から国家への道すじを構想した儒教は注目された。ついで、それだけではないとする人間があらわれ、自説を主張した。しかも、一人だけでなく、多数あらわれた。

これらの人物は一般人から尊敬されて、「子《し》」とよばれた。いまの日本語では「先生」にあたる。「孔子」は「孔センセイ」、「孟子」は「孟センセイ」。

時代は春秋・戦国。いまから二千八百年前にはじまり、約五百年つづいた。こまかくいえば諸説あるが、春秋時代は紀元前七七〇―前四〇三年、戦国時代は紀元前四〇三―前二二一年。

センセイはめいめい流派をもっていた。その集団は「家」といい、あわせて「諸子百《しょしひゃっ》家《か》」、はげしく論争するありさまは「百家争鳴《ひゃっかそうめい》」とよばれた。

共通点は別にして、諸子百家はオモテの思想とウラの思想に分けられよう。オモテというのは孔子に代表される儒教で、ウラの思想は老子《ろうし》、荘子《そうじ》に代表される道教である。それぞれ信奉する流派の集団があり、すでにのべた「家」をつけてそれぞれ儒家《じゅか》、道家《どうか》といわれる。

主流になったのは、すでに引用したおしえからわかるように儒教である。

春秋戦国時代は、強国はいっそうの勢力拡大をねらい、小国は生き残りをはかっていた。国を治める術策をおしえる儒家は歓迎され、宰相や官僚となった。孔子の弟子、子路《しろ》は衛《えい》の国の大臣になった(内乱によって死ぬが)。

これにたいして、道教は、儒教のように格好《かっこう》をつけるのに反対した。権威をふりかざすことはせず、人民には服従を求めず、自然のままに放置する、とおしえたのである。

『六韜』にもつぎのようにのべる。

• 尭帝《ぎょうてい》の自然無為の政治に学べ(二六―二八ページ)
• 人為《じんい》をくわえず、自然の状態がよい(六六ページ)

政治ばかりでなく、健康のための養生をおもんじ、体操や呼吸術によって長生きをして、ついには仙人になるのを理想とした。

儒教はいかにも正々堂々として、政治の責任を負う態度と権威を示すから、これはオモテの思想である。これと反対に、政治に背をむけ、世間からはなれ、ひとりで自由に生きようとする道教はウラの思想といえよう。

道教のおしえは、始祖とされる老子の著書『老子』によって知ることができ、それには、「道の道とすべきは常の道にあらず」とある。

やたらに道をもちあげて、特定の道をこれが道だと限定するなら、それはほんらいの道から外《はず》れる、というのである。

『論語』にもみられるように、孔子は道をだいじなものとして、しきりに説《と》いた。

「君子は道を憂《うれ》え、貧しきを憂えず」

「わが道は一《いち》もってこれを貫《つらぬ》く」

こういった孔子の考えにたいし、老子はまっこうから反対したわけである。「争鳴」しているのである。

しかし、世間ではこうもいわれた。むかし、官吏は在任中は儒教にもとづいて執務するが、官吏を引退すると、こんどは道教のおしえに従って、悠々自適《ゆうゆうじてき》、わずらわしい世間と関係せずに余世をたのしもうとする、と。

オモテとウラは正反対である。そのように儒教と道教も正反対である。しかし、オモテがなければウラがなく、ウラがあるからオモテがある。それで、儒教と道教はお互いに、相手の不足とするところを補い、中国の文化ぜんたいを形成してきたといえよう。

また、儒家、道家とならんで、政治をうごかした集団には法家がある。

法家はその名のとおり、法、すなわち法律をおもんじたが、法律といっても、いまの「六法全書」のようなものがあったわけではない。儒家がおもんじる徳や道徳では国は安定しない、と指摘し、いったんきめたこと（これが法である）は必ず守るべきだ、と主張したのである。

法家の思想を集大成したのが韓非《かんぴ》で、かれは尊敬されて韓非子（韓非センセイ）とよばれた。これがそのまま書名になり、『韓非子』としてつたわっている。

そこでは政治の秘訣が三点あげられている。

利、権、名である。

利というのは利益・利得、権は権力、名は名誉（虚栄心でもある）。

本書にも、法家のこの考え方がみられる。

• 人民の利得を奪ってはならない（六一―六四ページ）。天下をおおう恩恵をあたえる

（七五―七六ページ）

- 天下をおおう権力をにぎる（七五ページ）。権力をひとまかせにしない（四〇―四二ページ）。計略は秘密にする（七八、一〇八ページ）
- 信賞必罰《しんしょうひつばつ》（五四ページ）
- 死刑は大物《おおもの》ほどひとをふるえあがらせ、表彰は卑賤《ひせん》なものほど喜ぶ（九九ページ）

法家はオモテに立つこともあったが、どちらかといえばウラだろう。『六韜』や『三略』や『孫子《そんし》』という著作をあらわした集団は兵家とよばれるが、兵家は法家にちかい。軍事を専門にする点で、法家とは区別されるが、処罰すべきものは必ず処罰するというのは法家そのものである。戦闘をおこなうのであるから、軍律をきびしくしなければ、敵とはたたかえない。

ところで法家のもう一つの特色は、人間は欲望にはしる、欲望を満足させるのが生きがいである、という人間観をもっていることである。

そもそも人間は死ぬことをいやがり、利得をよろこぶという指摘が『六韜』にもみられる（二四ページ）。

利得をよろこぶというのは、欲望を満足させることである。

戦国時代、告《こく》センセイ、告子《こくし》、という思想家がいて、「食欲と性欲は人間の本性である」

（食ト色ハ人ノ性ナリ）と指摘した。

このことばは、『孟子』告子篇に引用されたことで、世につたわったが、孟センセイはこれに反対し、義《ぎ》を忘れてはいけないと主張している。

孟センセイの反論はともかくとして、民衆の利益をはかるのが、そもそも政治の目的であり、目標であることは儒教もみとめているのである。民衆に利益をあたえれば天下のひとが帰服《きふく》するのである、と『六韜』にもある（二四ページ）。

『六韜』は人民に損害をあたえないよう戒《いまし》めている。『六韜』は兵書で、戦争を前提としている。戦争となれば、被害をうけ、損害をこうむるのは民衆であるから、人民に損害をあたえるな、というのは矛盾であるが、しかし、このような自戒を説いているのである。

- 人民の財産に放火してはならない
- 人民の家屋を破壊してはならない
- 墓地や社《やしろ》の木、草を切ってはならない
- 降服するものを殺してはならない
- 捕虜を殺してはならない
- 敵の人民には仁義を示し、布告して「罪は〔敵の〕君主一人にある」とつげる（一六二ページ）

　これは味方の軍が優勢で、敵地に侵入し、敵の都市やまちを包囲したさいの注意である。人民には敵国の人民もふくむのである。春秋戦国の時代であるから、もっぱら内戦だったが、このようなおしえを説《と》く東洋の思想はやはりすばらしい。現代にも生かしたい思想、生きる思想である。

『六韜』は質疑応答の形式になっていて区切りがあり、わかりやすい。

文王《ぶんのう》、武王《ぶおう》、太公望《たいこうぼう》、いずれも周王朝の人物として、よく知られている。

夏《か》、殷《いん》（はじめは商《しょう》）、周《しゅう》が、太古の王朝だった。

「郁々乎《いくいくこ》として文《ぶん》なるかな」と孔子が褒《ほ》めたように、周王朝の文化は香りたかいものがあった。

　この王朝をはじめたのが武王で、殷の紂王《ちゅうおう》を亡ぼしたのである。姓は姫《き》、名は発《はっ》。かれは即位して武王となり、亡父に王位を追贈《ついぞう》して文王とよんだ。文王の生前の名は昌《しょう》。周という部族の長にすぎなかった。

　しかし姫昌は着々と勢力を増大していたから、紂王はかれに西伯《せいはく》という爵位をあたえ懐《かい》柔《じゅう》しようとした。いっぽうでは警戒し、羑里《ゆうり》（河南省湯陽）に七年間、幽閉《ゆうへい》した。

　武王（当時はまだ姫発《きはっ》）は父の死後、紂王打倒の旗をあげ、多くの部族と連合、牧野《ぼくや》（河南省淇《き》県）でたたかって勝利したのだった。そして王位についたのである。

したがって、『六韜』にみられる、文王、武王とあるのは、それぞれが位についてからのよび名をしるしているのにすぎない。文王が生前にこの肩書きで、太公望に質問するということは、ありえなかった。

太公望という人物は、はじめ東海のほとりにいたといわれる。西へ旅して、渭水で釣をした。そこへ、文王（当時は姫昌）がとおりかかった。みると、老人が釣をしていたが、釣針は水面より高くあがっていて、「針にかかりたい魚は、はやくかかりなさい」と老人はつぶやいている。

不思議におもって話しかけた（じつは、老人は姫昌と知りあいになろうとして、わざと、奇妙なことをしていたのかもしれない）。

殷の滅亡はとおくない、と老人は語った。それで馬車に同乗させて、つれて帰り、師《し》と仰《あお》いだ。老人は姓は姜《きょう》、名は尚《しょう》といったが、このような人物があらわれることを姫昌の父親は待望していて、それがついにあらわれたというので、太公望とよんだ。太公は父親の尊称、望は待望していたということである。姓が姜なので、姜太公ともいわれる。

姫昌のとき、周の勢力範囲はすでに天下の三分の二を占めた。これは太公望の献策によるものだった。武王が旗あげしたときの計略も、太公望が考えたものだった。すなわち、太公望こそは周王朝が成立する首謀者だったのである。

本書は、兵書としてウラの思想であるにもかかわらず、オモテの儒教の思想もとりいれ、この一冊に多角的な内容をもりこんでいる。

じっさいの著作者は、これを兵書の決定版にしたくて、兵書というタテマエにとらわれなかったのであろう（しかしいっぽう兵書として、軍隊の編成なども詳細にしるしている）。しかも、人民という観点をとりいれ、人民に被害や損害をあたえることを極力いましめ、人民が望む利益、利得をかなえることが政治の肝心かなめの目標だと説いている。

ここに説かれている謀略は、奇想天外とうけとられかねない部分があるとしても、ぜんたいとしては平和をねがう思想である。読んでいるうちになつかしい、安らかな気分にひたるようである。あわせて、明日の努力にかけてみようという意気ごみもわいてくる。

林富士馬氏のすぐれた訳業によって、この古典はこんにちによみがえり、ふたたび読者の精神の糧《かて》となるだろう。うれしいことである。読者は眞鍋呉夫氏による『三略』もぜひ手にとってほしい。

二〇〇四年　甲申　十二月

（たけうち・みのる　京都大学名誉教授）

『六韜』一九八七年六月　教育社刊

中公文庫

六《りく》韜《とう》

2005年2月25日　初版発行
2021年11月30日　11刷発行

訳　者　林《はやし》富《ふ》士《じ》馬《ま》

発行者　松田陽三

発行所　中央公論新社
〒100-8152　東京都千代田区大手町1-7-1
電話　販売 03-5299-1730　編集 03-5299-1890
URL http://www.chuko.co.jp/

ＤＴＰ　平面惑星
印　刷　三晃印刷
製　本　小泉製本

Published by CHUOKORON-SHINSHA, INC.
Printed in Japan　ISBN978-4-12-204494-4 C1131

各書目の下段の数字はＩＳＢＮコードです。978－4－12が省略してあります。

中公文庫既刊より

ま-40-1
三略
眞鍋呉夫訳
苛酷な乱世を生き抜くための機略がここにある。孫子・呉子と並び称され、古来より多くの名将が諳んじた古代中国きっての兵法書、初の文庫化。
204371-8

ク-6-1
戦争論（上）
クラウゼヴィッツ
清水多吉訳
プロイセンの名参謀としてナポレオンを撃破した比類なき戦略家クラウゼヴィッツ。その思想の精華たる本書は、戦略・組織論の永遠のバイブルである。
203939-1

ク-6-2
戦争論（下）
クラウゼヴィッツ
清水多吉訳
フリードリッヒ大王とナポレオンという二人の名将の戦史研究から戦争の本質を解明し体系的な理論化をなしとげた近代戦略思想の聖典。〈解説〉是本信義
203954-4

ク-7-1
補給戦 何が勝敗を決定するのか
M・v・クレフェルト
佐藤佐三郎訳
ナポレオン戦争からノルマンディ上陸作戦までの戦争を「補給」の観点から分析。戦争の勝敗は補給によって決まることを明快に論じた名著。〈解説〉石津朋之
204690-0

マ-10-5
戦争の世界史（上）技術と軍隊と社会
W・H・マクニール
高橋均訳
軍事技術は人間社会にどのような影響を及ぼしてきたのか。大家が長年あたためてきた野心作。上巻は古代文明から仏革命と英産業革命が及ぼした影響まで。
205897-2

マ-10-6
戦争の世界史（下）技術と軍隊と社会
W・H・マクニール
高橋均訳
軍事技術の発展はやがて制御しきれない破壊力を生み、人類は怯えながら軍備を競う。下巻は戦争の産業化から冷戦時代、現代の難局と未来を予測する結論まで。
205898-9

マ-2-4
君主論 新版
マキアヴェリ
池田廉訳
「人は結果だけで見る」「愛されるより恐れられるほうが安全」等の文句で、権謀術数の書のレッテルを貼られた著書の隠された真髄。〈解説〉佐藤優
206546-8